加氢装置隐蔽项目检查方法

中国石油化工股份有限公司炼油事业部　编

U0264106

中国石化出版社

图书在版编目（CIP）数据

加氢装置隐蔽项目检查方法／中国石油工股份有限公司炼油事业部编. —北京：中国石化出版社，2018.9
ISBN 978－7－5114－4968－9

Ⅰ.①加… Ⅱ.①中… Ⅲ.①石油炼制－加氢裂化－化工设备－设备检修 Ⅳ. TE966

中国版本图书馆 CIP 数据核字（2018）第 213515 号

中国石化出版社出版发行
地址：北京市朝阳区吉市口路 9 号
邮编：100020　电话：(010)59964500
发行部电话：(010)59964526
http://www. sinopec-press. com
E-mail：press@ sinopec. com
北京柏力行彩印有限公司印刷
全国各地新华书店经销

*

710×1000 毫米 16 开本 6 印张 76 千字
2018 年 9 月第 1 版　2018 年 9 月第 1 次印刷
定价：30.00 元

编 委 会

序　言

随着国内高含硫原油加工量的不断增加,炼油装置设备、管道的腐蚀日益加重,一些不可见的缺陷越来越成为装置安全、稳定生产的绊脚石。为了进一步提高设备可靠性,延长装置运行周期,必须要严格检修管理,实现"应修必修不失修;修必修好不过修"的目标。这其中找准缺陷和故障是关键,尤其是隐蔽项目检查。由于隐蔽项目检查是石油化工装置检修的难点,因隐蔽项目检查不到位导致的设备失修、返修的事件屡见不鲜,给装置"安稳长"生产造成严重影响。

近年来,由于检修次数的减少,设备管理人员参与实践锤炼的机会也相应减少,技术提高和经验积累慢,"不会查、不会修"的负面效应逐渐凸显,这种趋势应引起我们的重视,并有所作为。目前国内尚无装置隐蔽工程检查相关的指导性文件,隐蔽项目检查内容和方式由各企业或者设备管理人员、检修人员自行制定,随意性大,科学性、专业性不强,因此过修、失修在所难免。所以,炼油企业迫切需要一部具有较强的专业性和实用性的工具书来指导隐蔽项目检查。本书正是在这样的背景诞生。

本书是一部专门针对装置隐蔽项目检查方法的工具书,重点解决"查什么?怎么查?"的问题,通过分析装置腐蚀机理和失效模式,并结合中石化多套同类装置历史故障和维修的大量数据,找出每台设备的薄弱环节,确定检查部位和检查方法。本书对于指导设备管理人员、检修人员制定检修计划、检修方案具有很强的实用价值,有助于提高隐藏缺陷的检出率,设备的保修率、检修的精准性,降低因失修带来的风险和经济损失。本书语言通俗易懂，描述细致详实，图文并举，可作为检修方案的编制依据，也可作为新设备员的培训教材。

诚然，由于时间仓促，编者水平有限，本书难免有错漏之处，需广大设备管理工作者在实践中不断指正，在以后的版本中加以改进和完善。

目　录

1　加氢装置简介

加氢技术是指在一定温度和氢压下，通过催化剂的催化作用，使原料油与氢气进行反应进而提高油品质量或者得到目标产品的工艺技术。其主要包括加氢精制和加氢裂化技术。

1.1　加氢工艺简介

加氢精制主要用于油品精制，其目的是除掉油品中的硫、氮、氧杂原子及金属杂质，改善油品的使用性能。由于重整工艺的发展，可提供大量的副产氢气，为发展加氢精制工艺创造了有利条件，因此加氢精制已成为炼油厂中广泛采用的加工过程，也正在取代其它类型的油品精制方法。

加氢裂化是指在较高的压力和温度下，氢气经催化剂作用使重质油发生加氢、裂化和异构化反应，转化为轻质油（汽油、煤油、柴油或催化裂化、裂解制烯烃的原料）的加工过程。它与催化裂化不同的是在进行催化裂化反应时，同时伴随有烃类加氢反应。加氢裂化实质上是加氢和催化裂化过程的有机结合，能够使重质油品通过催化裂化反应生成汽油、煤油和柴油等轻质油品，又可以防止生成大量的焦炭，还可以将原料中的硫、氮、氧等杂质脱除，并使烯烃饱和。加氢裂化具有轻质油收率高、产品质量好的突出特点。

1.2 主要设备

这里主要介绍静设备。

1.2.1 加氢反应器

加氢反应器多为固定床反应器，加氢反应属于气－液－固三相涓流床反应，加氢反应器分冷壁反应器和热壁反应器两种：冷壁反应器内有隔热衬里，反应器材质等级较低；热壁反应器没有隔热衬里，而是采用双层堆焊衬里，材质多为 Cr－Mo 钢。

加氢反应器内的催化剂需分层装填，中间使用急冷氢，因此加氢反应器的结构复杂，反应器入口设有扩散器，内有进料分配盘、集垢篮筐、催化剂支承盘、冷氢管、冷氢箱、再分配盘、出口集油器等内构件。

加氢反应器的操作条件为高温、高压、临氢，操作条件苛刻，是加氢装置最重要的设备之一。

1.2.2 高压换热器

反应器出料温度较高，具有很高热焓，应尽可能回收这部分热量，因此加氢装置都设有高压换热器，用于反应器出料与原料油及循环氢换热。现在的高压换热器多为 U 型管式双壳程换热器，该种换热器可以实现纯逆流换热，提高换热效率，减小高压换热器的面积。

高压换热器选材应考虑氢和硫化氢的腐蚀，按温度不同而选择不同材料。高温部位与循环氢接触的部位还应在母材上堆焊奥氏体不锈钢，设备与制造要求与反应器类同。

1.2.3 高压空冷

高压空冷的操作条件为高压、临氢，是加氢装置的重要设备，容易出现泄漏，使装置被迫停工处理，因此，高压空冷的设计、制造及使用也应引起重视。

1.2.4 高压分离器

高压分离器的工艺作用是进行气－油－水三相分离，高压分离器的操作条件为高压、临氢，操作温度不高，在水和硫化氢存在的条件下，物料的腐蚀性增强，在使用时应引起足够重视。

另外，加氢装置高压分离器的液位非常重要，如控制不好将产生严重后果，液位过高，液体易带进循环氢压缩机，损坏压缩机，液位过低，易发生高压窜低压事故，大量循环氢迅速进入低压分离器，此时，如果低压分离器的安全阀打不开或泄放量不够，将发生严重事故。因此，从安全角度讲高压分离器是很重要的设备。

1.2.5 反应加热炉

加氢反应加热炉的操作条件为高温、高压、临氢，而且有明火，操作条件非常苛刻，是加氢装置的重要设备。加氢加热炉介质中同时存在氢和硫化氢加氢，腐蚀速率比单纯的硫化氢要高，反应加热炉炉管材质一般为高 Cr、Ni 的合金钢，如 TP347。

加氢反应加热炉的炉型多为纯辐射室双面辐射加热炉，这样设计的目的是为了增加辐射管的热强度，减小炉管的长度和弯头数，以减少炉管用量，降低系统压降。加氢裂化循环氢炉具有高的表面强度，炉管表面温度高达 550℃，为保护炉管，在每程出口管的迎火面安装了炉管表面热电偶，用以监视燃烧器火焰和管内介质流动情况。不锈钢炉管线膨胀系数大，且管壁温度高，一般用悬挂式支承。为回收烟气余热，提高加热炉热效率，加氢反应加热炉一般设余热锅炉系统。

1.3 主要失效机理

1.3.1 高温氢损伤

当温度高于232℃、氢的分压大于0.7MPa时,扩散侵入钢中的氢与钢中不稳定的碳化物起反应生成甲烷,引起钢材的内部脱碳,造成裂纹、鼓泡,使金属材料削弱了强度。形成的甲烷气泡成长速度缓慢且没有串通的阶段,钢材的力学性能不发生明显改变的这段时间称为"孕育期"。一旦到达扩展期会迅速造成开裂,造成重大事故。"孕育期"的长短取决于许多因素,包括钢种、氢压、温度、冷作程度、杂质元素含量和作用应力等。

为了抵抗高温氢腐蚀,参照 API RP941《炼油厂和石油化工厂用高温高压临氢作业钢》中的 Nelson 曲线来选择反应器基体的材料。铬钼钢具有抗氢腐蚀能力与足够的高温强度。

1.3.2 高温 $H_2S + H_2$ 腐蚀

$H_2S + H_2$ 腐蚀的阈值温度是260℃,在氢的促进下可使 H_2S 加速对钢材的腐蚀,在富氢环境中,原子氢能不断侵入硫化膜,造成膜的疏松多孔,因而 H_2S 的腐蚀就不断进行。少量的铬(例如5% ~9% Cr)只能适度地提高钢的耐腐蚀能力,若要明显地改善钢的耐腐蚀能力,Cr 含量至少需要12%。研究发现,低氢分压环境比高氢分压环境下 H_2S/H_2 的腐蚀要严重,表现在管道流速较高区或湍流区或分馏系统重沸炉的水平炉管顶部。甚至在总硫含量为几个 $\mu g/g$ 情况下,腐蚀速率高于 McConomy 和 Couper-Gorman 预测腐蚀曲线。

1.3.3 堆焊层剥离

堆焊层剥离也是一种氢致开裂形式,堆焊层为奥氏体组织,氢扩散慢但氢溶解度大，母材为铁素体组织，氢扩散快但氢溶解度小，在母材和堆焊层之间的界面部位就会形成氢浓度的峰值，引起较大的组织应力，在多次升温降温循环条件下，由于母材和堆焊层之间由于热膨胀系数不同而引起的热应力的作用，导致堆焊层沿熔合线的碳化铬析出区或粗大的奥氏体晶界剥离。

1.3.4　铬钼钢的回火脆化

工作在 345~575℃ 的铬钼钢设备和管道，由于材料的回火脆化导致低温韧性降低，发生原因是钢中的杂质元素在晶界偏聚。回火脆化主要影响材料在较低温度下的韧性水平，通过严格执行热开停工程序，停工过程严格控制降温速度，防止材料在低于一定温度下承压超过规定值来防止回火脆化可能引起的脆性断裂。通过严格控制钢材中有害杂质元素（P、Sn、As、Sb 等）的含量，提高钢材纯净度，可以降低回火脆化进展速率。

1.3.5　氯化铵引起的腐蚀

氯化物来源于原料中含的氯盐和有机氯化物，重整氢含氯，以及有机氯加氢产生的氯化氢。氯化铵结晶主要出现在反应系统换热流程后部，高压空冷器前面的高压换热器上，结晶的氯化铵沉积在换热管壁上，易于吸潮形成腐蚀性强的酸性溶液，引起垢下腐蚀和局部腐蚀，结晶 NH_4Cl 还会引起换热器管束的堵塞。

1.3.6　酸性水腐蚀

酸性水腐蚀广义上定义为含 H_2S 和 NH_3 的水的腐蚀，这种腐蚀是由于加氢反应产生的 H_2S 和 NH_3 生成的 NH_4HS 结晶析出，引起冲蚀和垢下腐蚀，影响腐蚀的主要因素是 NH_4HS 的浓度和流速，次要因素是 pH 值、氰化物含量和氧含量等。硫氢化铵结晶主要出现在高压空冷器，形成的硫氢化铵沉积在高压空冷器换热管壁上，流速低时结垢产生垢下腐蚀。

1.3.7 连多硫酸应力腐蚀开裂

连多硫酸（$H_2S_xO_6$，$x = 3 \sim 6$）是停工期间设备表面的硫化物腐蚀产物与空气和水形成，对于敏化后的奥氏体不锈钢易引起应力腐蚀开裂，一般为晶间裂纹。这种腐蚀破坏会给设备造成严重的损坏，通常靠近焊缝或高应力区域，开裂蔓延迅速，在数分钟或小时内就会穿透管线和部件的壁厚，而且非常局部不容易发现，直到开工或有时在操作中出现裂纹时才发现。在加氢处理装置中，由于存在 H_2S 和氢气环境条件更具还原性，这会导致 FeS 垢物生成，一旦奥氏体材料已被敏化，在停工检修期间会出现问题。

用于减缓连多硫酸应力腐蚀开裂的方法主要是消除连多硫酸的生成，这些方法包括：炼厂检修期间设备和管道采用充氮保护、使金属温度保持高于水露点、用纯碱溶液洗涤等。具体执行可参照 NACE 标准 RP0170《炼油厂停工期间奥氏体不锈钢设备连多硫酸应力腐蚀开裂的预防》（最新版）。

1.3.8 湿硫化氢环境下腐蚀

当碳钢和低合金钢材暴露在含有大约 50mg/L 或更多硫化氢的液体水时，发生湿硫化氢破坏，包括氢鼓泡（HB）、氢致开裂（HIC）、应力导向氢致开裂（SOHIC）和硫化物应力腐蚀开裂（SSC）四种形式。湿硫化氢环境下腐蚀反应产物之一的原子氢渗透进入金属，在夹层或夹杂物聚集形成氢分子，体积增加导致开裂与材料脆性增加。如果有游离的氰化物，能够破坏 FeS 保护膜，增加了氢的渗透性，加剧腐蚀。

加氢装置腐蚀机理和风险分布如图 1 所示（以加氢裂化为例，其他加氢装置类同）（彩图见封 3）。

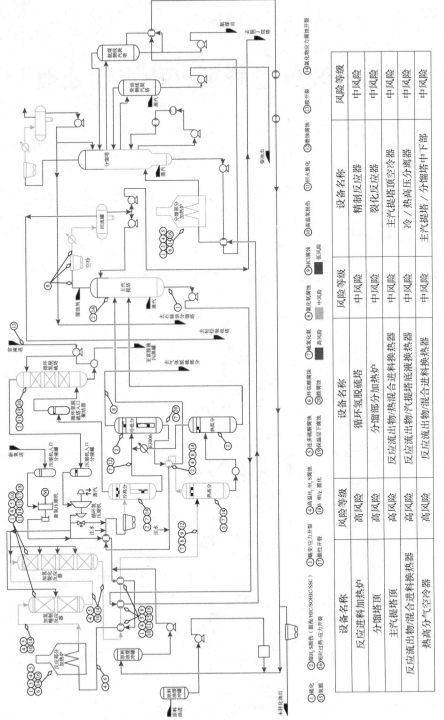

图1 加氢装置腐蚀机理及风险分布识别图

设备名称	风险等级		设备名称	风险等级		设备名称	风险等级
反应进料加热炉	高风险		循环氢脱硫塔	中风险		精制反应器	中风险
分馏塔加料塔顶	高风险		分馏部分加热炉	中风险		裂化反应器	中风险
主汽提塔顶	高风险		反应流出物/热混合进料换热器	中风险		主汽提塔顶空冷器	中风险
反应流出物/混合进料换热器	高风险		反应流出物/汽提塔底液换热器	中风险		冷／热高压分离器	中风险
热高分气空冷器	高风险		反应流出物/混合进料换热器	中风险		主汽提塔／分馏塔中下部	中风险

① 氢化 ② 湿硫化氢损伤(氢鼓泡/HIC/SOHIC/SSC) ③ 连多硫酸腐蚀 ④ 高温H₂/H₂S腐蚀 ⑤ 氯化氢腐蚀 ⑥ 氨化 ⑦ 环烷酸腐蚀 ⑧ 氧化氨腐蚀 ⑨ HCl腐蚀 ⑩ 高温氢腐蚀的 ⑪ 回火脆性 ⑫ 磨蚀腐蚀 ⑬ 氯化物应力腐蚀开裂
⑬ 氨脆 ⑮ 短时过热－应力开裂 ⑯ 碱变应力开裂 ⑰ 碱性开裂 ⑱ 多连硫酸腐蚀 ⑲ 低温层下腐蚀 ⑳ 敏感腐蚀 □ 低风险 ■ 高风险 ■ 疲劳开裂

2 加氢装置隐蔽项目检查和处理

2.1 反应器

2.1.1 结构简图

加氢反应器结构如图2所示。

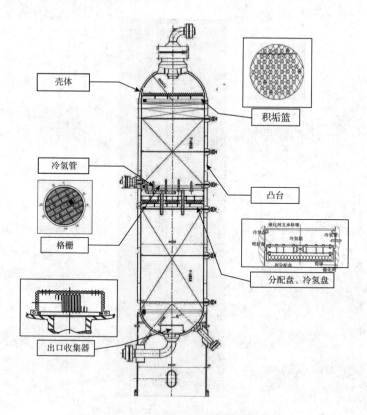

图2 加氢反应器结构简图

2.1.2 结构特点及失效机理

反应器由筒体和内构件两部分组成。

（1）反应器筒体

冷壁反应器内壁衬有隔热衬里。因此，筒体工作条件缓和，设计制造简单，价格较低，早期使用较多。随着冶金技术和焊接制造技术的发展，热壁反应器已逐渐取代冷壁反应器。热壁筒和冷壁筒一样是有带大法兰的上头盖、筒体和下封头组成。筒体制造分板焊接结构与锻焊结构，板焊结构受钢板厚度和卷焊制造能力限制，直径不能太大，锻焊结构无纵缝，环焊错口小，材质内部致密，内件支承圈可以整体锻出。大型和厚壁的反应器发展趋于锻焊结构。

（2）反应器内构件

加氢反应器筒体、封头及接管多采用对焊两层不锈钢，底层（过渡层）为 E309L，表层多采用 E347。其内壁结构可分为上、中、下三段。上段的主要构件有入口扩散器、顶部进料分配盘、去垢篮等，中段有冷氢分配管、冷氢盘、中部分配管、下部有冷氢盘、下部分配管、出口收集器等构件。

反应器设备处于高温高压氢气中，主要腐蚀机理为壳体及内构件的高温 $H_2S + H_2$ 腐蚀，壳体及内构件的氢腐蚀、氢脆、回火脆化、堆焊层剥离及连多硫酸开裂等。

2.1.3 隐蔽项目检查方法

加氢反应器隐蔽项目检查方法如表 1 所示。

表1 加氢反应器隐蔽项目检查方法

设备部位	检查项目	检查方法及标准
壳体	1. 宏观检查	1. 容器本体、对接焊缝、接管角焊缝等部位的裂纹、过热、变形等，焊缝表面（包括近缝区）以肉眼或 5~10 倍放大镜检查裂纹。
	2. 测厚检查	2. 测厚，壁厚大于安全壁厚，且与上次测量数据对比，测算腐蚀速率，重点检查部位如下： ①上、下封头（距封头与筒体环缝约200mm 起每隔200mm 处测定；筒体距封头与筒体或筒节间环缝约40mm 处测定，测量点数根据容器尺寸及历史数据决定）。 ②接管短节，重点在距筒体约50mm 处，不少于4点。 ③表面宏观检验查出的缺陷已进行打磨处。 ④发现严重腐蚀部位及冲刷凹陷处。 ⑤错边及棱角度较严重的部位。 ⑥其他内表面堆焊层按容器大小抽检测厚。
	3. 无损检测	3.1 超声波检查，检查是否存在氢剥离裂纹现象，重点检查部位如下：顶部弯管、上封头、凸台堆焊层、其他部位进行抽检检查。
		3.2 主焊缝进行磁粉检验，检测比例不低于 20%。
		3.3 渗透检查裂纹情况，具体检查位置如下： ①支承圈周围、吊耳焊缝、管口焊缝、主焊缝、裙座环焊缝、顶部弯管密封槽及连接管道密封槽。 ②返修部位。 ③铁素体含量较高部位。 ④其他部位进行抽检检测。
	4. 材质检查	4.1 铁素体检测，一般为 3%~10%，重点检查位置如下： ①封头堆焊层。 ②上封头和筒体过渡段堆焊层。 ③下封头和筒体过渡段堆焊层。 ④人孔密封槽底堆焊层。 ⑤其他堆焊层进行比例抽检。
		4.2 硬度检测，检查主要受压元件材质是否劣化。主要检查部位为内外壁焊缝热影响区，其他部位进行抽检。
		4.3 金相检验对超温部位，其它检测方法发现缺陷的部位，机构不合理部位，腐蚀严重部位和其它对材质有怀疑的部位进行微观组织检验。

设备部位	检查项目	检查内容及标准
壳体	5. 引压点检查	5. 引压管畅通完好；小接管检查无腐蚀减薄。
	6. 器内各支承焊接部位开裂、错位、磨损情况	6. 器内各支承部件不允开裂、错位、磨损、限位卡件固定螺母需双螺母锁紧或点焊。
	7. 裙座及基础检查。	7. 裙座无变形、裂纹，基础板无腐蚀；基础有无裂纹破损，下沉，歪斜，地脚螺栓有无松动。
	8. 防火及防腐等检查	8. 防火涂料完好，无剥落及裂化；保温无破损，外保护箍圈不松弛，停工前检测外壁温度小于50℃，对大于50℃的部位进行更换。
出口收集器	1. 松动情况检查	1. 螺栓无松动，固定支耳有无断裂、裂纹。
	2. 连接间隙检查	2. 筛网无变形，与反应器壳体径向间隙调整均匀，网与网之间密封紧凑，使用1mm塞尺无法直接贯通。
	3. 清洁度检查	3. 表面无积灰。
积垢篮	1. 开裂情况检查。	1. 积垢篮网无开裂。
	2. 链条预留量检查	2. 连接链条预留两个积垢篮之间距离加5%。
	3. 清洁度检查	3. 使用水枪清洗后无积垢。
分配盘、冷氢盘	1. 泡帽检查	1. 分配盘泡帽无裂纹、椭圆及翻边现象，无松脱现象，抽检5%泡帽着色检查。
	2. 支承圈检查	2. 支承圈无裂纹、变形等情况，着色检查合格。
	3. 喷射盘检查	3. 检查喷射盘孔无冲刷扩大现象，可根据平时冷氢冷却情况进行判断，情况不严重无需更换。
	4. 密封检查	4. 使用石墨密封塔盘，密封性能良好，必要时进行冲水试验。
	5. 螺栓检查	5. 螺栓使用铜锤检查松动情况。
	6. 测厚检查	6. 重点检查喷射盘是否有冲刷腐蚀减薄，减薄量≤10%。

设备部位	检查项目	检查内容及标准
冷氢管及热电偶套管	1. 冷氢管检查	1.1 冷氢管紧固管箍无损伤，管内无杂物。
		1.2 冷氢管内法兰密封面无损伤且紧固。
		1.3 冷氢线上单向阀密封可靠，无试压条件可根据日常操作情况进行判断。
		1.4 冷氢管弯头测厚减薄量≤20%且大于安全壁厚。
	2. 热电偶检查	2.1 热电偶套管着色检查无裂纹，必要时可进行试压检查。
		2.2 套管无明显弯曲。
格栅	1. 连接检查	1. 格栅与丝网连接牢固，搭接处宽度不小于30mm。
	2. 卸料管检查	2. 卸料管法兰紧固可靠。
	3. 支承梁检查	3. 支承梁无裂纹、变形等情况，着色检查合格。
密封面	1. 螺栓	1. 螺栓规格符合图纸要求，材质复验合格、超声、磁粉检测按 NB/T 47013 一级合格。
	2. 垫片	2. 垫片材质复验合格，八角垫硬度比法兰密封面硬度低 30～40HB，尺寸合格。
	3. 检验情况	3. 密封法兰着色检查合格无裂纹。
	4. 密封面清洁度检查	4. 法兰密封面光洁无机械损伤、径向刻痕、严重锈蚀等缺陷，法兰孔及法兰清锈绣并吹扫干净。
	5. 密封面与垫片接触试验检查	5. 密封面与垫片红丹涂抹转动90°后，接触线连续不断。

2.1.4 处理措施及更换周期

（1）裂纹处理：①对于外表面深度小于3mm裂纹等缺陷打磨修复；超过3mm的组织专家评审修复方案或做合于使用评价。②对于堆焊层的裂纹等缺陷应探明深度，如果缺陷未触及母材，作监控使用。

（2）螺栓更换周期：①器内螺栓一般拆检后进行更换，如重复使用需无损检测合格；②外部螺栓根据检测结果进行更换，更换新螺栓需对角更换。

（3）内构件更换周期：易损件（如卡子、泡罩、垫片等），发现损坏后进行更换；非易损件（如热电偶等）需进行评估后进行更换或修复。

（4）高压密封面损坏，一般不建议手工研磨，需制定相关修复方案。

（5）更换不合格压力表及辅助设备。

（6）按规定更换螺栓或进行基础等修复。

（7）按相关防火及防腐规定修复。

2.2 换热器

2.2.1 高压螺纹锁紧环换热器

2.2.1.1 结构简图

高压螺纹锁紧环换热器结构如图 3 所示。

2.2.1.2 结构特点及失效机理

螺纹锁紧环换热器可分为管壳程均为高压和管程高压壳程低压两种型式，壳体和管箱是锻成或焊为一体，没有大法兰连接。其基本原理是一致的，即由管程内压引起的轴向力通过管箱盖和螺纹环而由管箱本体承受，因此，加给密封垫片的面压少，螺栓小。因为管壳程合为一体，检修不必移动壳体和管箱，配管可以直接与换热器开口接管焊接，从而减少泄漏。

管程的主要密封是通过拧紧螺纹锁紧环上的外圈螺栓来压紧管箱垫片达到密封目地。螺纹锁紧环换热器具有换热面积的利用率高，结构紧凑，占地面积小等特点。

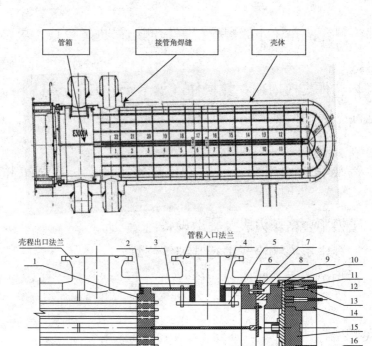

图3　高压螺纹锁紧环换热器结构简图

1—管板；2—壳程垫片；3—隔板箱；4—填料；5—填料压盖；

6—内法兰；7—三合环；8—法兰螺栓；9—管程垫片；10—垫片压板；

11—外压环；12—外圈压紧螺栓；13—外圈顶梢；14—螺纹锁紧环；15—管箱盖板；

16—内圈压紧螺栓及顶梢；17—内压环；18—支承圈；19—内套筒

螺纹锁紧环换热器设备处于高温高压氢气中，氢损伤及硫化氢腐蚀是一个严重问题，所以一般采用奥氏体不锈钢堆焊层，但这样会存在氢脆、硫化物应力腐蚀开裂、堆焊层氢剥离等现象，在其温度区间还存在铵盐结晶腐蚀等风险。

2.2.1.3　隐蔽项目检查方法

高压螺纹锁紧环换热器隐蔽项目检查方法如表2所示。

表2 高压螺纹锁紧环换热器隐蔽项目检查方法

设备部位	检查项目	检查内容及标准
壳体	1. 宏观检查	1. 壳体本体、对接焊缝、接管角焊缝等部位的裂纹、过热、变形、泄漏等，焊缝表面（包括近缝区），以肉眼或5～10倍放大镜检查裂纹。
	2. 测厚检查	2. 测厚，壁厚大于安全壁厚，且与上次测量数据对比，测算腐蚀速率，重点检查部位如下： ①封头上从距环缝40mm起测量（测量点数根据容器尺寸及历史数据决定）。 ②筒体上距环焊缝和纵缝各40mm处部位测量。 ③接管测厚重点在距筒体约40mm处，不少于4点。 ④表面宏观检验查出的缺陷已进行打磨处。 ⑤发现严重腐蚀部位及冲刷凹陷处。 ⑥错边及棱角度较严重的部位。 ⑦其他内表面堆焊层按容器大小抽检测厚。
	3. 无损检测	3.1 超声波检查，检查是否存在氢剥离裂纹现象，重点检查部位如下：进出口管、凸台堆焊层、其他部位进行抽检检查。
		3.2 主焊缝磁粉探伤，不低于20%。
		3.3 磁粉或渗透检查裂纹情况，具体检查位置如下： ①凸台、管口焊缝、主焊缝、支座焊缝、堆焊层。 ②返修部位。 ③铁素体含量较高部位。 ④其他部位进行抽检检测。
	4. 材质检查	4.1 铁素体检测，一般为3%～10%，重点检查位置如下： ①入口管周围壳体堆焊层。 ②筒体主焊缝过渡段堆焊层。 ③其他堆焊层进行比例抽检。
		4.2 硬度检测，检查主要受压元件材质是否劣化。主要检查部位为内外壁焊缝热影响区，其他部位进行抽检。
		4.3 金相检验对超温部位，其他检测方法发现缺陷的部位，结构不合理部位，腐蚀严重部位和其他对材质有怀疑的部位进行微观组织检验。
	5. 引压点检查	5. 引压管畅通完好。
	6. 器内各支承焊接部位开裂、错位、磨损情况	6. 器内各支承部件不允开裂、错位、磨损、限位卡件固定螺母需双螺母锁紧或点焊。

设备部位	检查项目	检查内容及标准
壳体	7. 压力表、仪表等辅助安全设备检查	7. 相关压力表、仪表拆检校验合格。
	8. 基础检查	8. 基础板无腐蚀；基础有无裂纹破损、下沉、歪斜，地脚螺栓有无松动。
	9. 防腐保温检查	9.1 保温无破损，外保护箍圈不松弛，停工前检测外壁温度小于50℃，对大于50℃的部位进行更换。 9.2 检查防腐层有无开裂、脱落。
管束	1. 结焦、结垢、结盐情况检查	1. 换热器使用高压水枪清洗，清洗后表面无污垢、无油脂，内管干净、干燥无积水。
	2. 外观检查	2. 管子表面无裂纹、折叠等缺陷。
	3. 管板焊口腐蚀检查	3. 管板管口焊缝无减薄及腐蚀现象，全面着色合格。
	4. 管子涡流检测检查	4. 管子抽查不低于5%，无减薄现象。
	5. 密封板检查	5. 密封板无破损、开裂现象。
	6. 密封面检查	6. 密封面着色检查合格无裂纹，光洁无机械损伤、径向刻痕、严重锈蚀等缺陷。
	7. 紧固件检查	7. 螺栓孔无毛刺，拆检后螺栓孔一般建议重新攻丝，密封条螺栓铜锤敲打无松动现象。
分程箱	1. 清洁度检查	1. 表面清洁无积垢。
	2. 外观尺寸检查	2. 与图纸对照，无变形。
	3. 对中度检查	3. 管口覆盖壳层进出口管，无明显错位。
	4. 上管口密封	4. 上管口密封填料更换，收紧压盖螺栓，塞尺检查无间隙。
	5. 密封面检查	5. 密封面着色检查合格，无裂纹，光洁，无机械损伤、径向刻痕、严重锈蚀等缺陷。
	6. 螺纹检查	6. 螺栓孔无毛刺，拆检后螺栓孔一般建议重新攻丝，螺栓铜锤敲打无松动现象。

设备部位	检查项目	检查内容及标准
分合环	1. 清洁度检查	1. 表面清洁无积垢。
	2. 外观尺寸检查	2. 与图纸对照，无变形。
	3. 螺纹检查	3. 螺栓孔无毛刺，拆检后螺栓孔一般建议重新攻丝。
锁紧环	1. 清洁度检查	1. 表面清洁无积垢。
	2. 密封盘检查	2. 密封盘每次拆检需进行更换，材质、尺寸符合图纸要求。
	3. 内件清理情况	3. 顶销、内压环等内件需打磨清洗，顶销利旧时需进行着色检查合格。
	4. 螺纹检查	4. 螺栓孔无毛刺，拆检后螺栓孔一般建议重新攻丝，外螺纹检查修复无毛刺且顺滑。
	5. 渗透检查	5. 锁紧环大螺纹着色检查无裂纹。
	6. 密封面检查	6. 密封面着色检查合格无裂纹，光洁无机械损伤、径向刻痕、严重锈蚀等缺陷。
新材料	1. 螺栓垫片	1. 垫片、螺栓规格符合图纸要求，螺栓材质、超声、磁粉等全检合格。
	2. 其他内件	2. 内件尺寸、材质符合图纸要求。

2.2.1.4 处理措施及更换周期

（1）裂纹处理：①对于外表面深度小于 3mm 裂纹等缺陷打磨修复；超 3mm 的裂纹建议组织专家评审确定修复方案。②对于堆焊层的的裂纹等缺陷应探明深度，如果缺陷未触及母材，作监控使用。

（2）螺栓更换周期：①器内螺栓一般拆检后进行更换，如重复使用需无损检测合格；②外部螺栓根据检测结果进行更换，更换新螺栓需对角更换。

（3）管束更换：①当管子出现外损伤或泄漏，一般采用堵管处理，堵管率超过 10% 建议进行更换；②管子出现整体性的减薄或损坏，需进行评估后进行继续使用或更换。

（4）腐蚀情况检查：①由于管口位置容易出现铵盐结晶，针对此情况，停工时需要进行水洗，减少结晶情况；拆卸全过程进行微正压氮气保护；抽出管束后需要在半小时内进行水枪清洗。②涡流检测出现不合格时，需要100%检查，并对不合格管子进行堵管处理。

（5）螺纹毛刺会导致锁紧环旋转时卡涩，需进行砂纸研磨修复至光滑；螺栓孔毛刺会影响安装力矩，要求每次检修对拆检后的螺纹进行整体修复。

（6）分层箱变形程度影响到分程箱密封时，需进行更换。

（7）四合环和内法兰进行水平面对比测试，明显变形需带内法兰和四合环整体更换。

（8）各内构件清洁程度直接影响下次拆卸的工作难度，应重点关注。

（9）密封面损坏，普通损坏进行研磨修复，严重时需制定相关修复方案。

（10）密封盘使用一次就会产生变形，如利旧可能会产生泄漏，因此每次拆检需进行更换。

（11）螺栓等易损件一般一个大修周期更换一次，建议不超两个大修周期进行更换，如重复使用需无损检测合格。

（12）更换不合格压力表及辅助设备。

（13）按相关保温及防腐规定修复。

2.2.2　缠绕管式换热器

2.2.2.1　结构简图
缠绕管式换热器结构如图4所示。

2.2.2.2　结构特点及失效机理
缠绕管换热器主要由壳体和芯体及其接管组层，其中芯体比较复杂，由中心筒、换热管、管卡等组成，换热管紧密的绕在中心筒上。

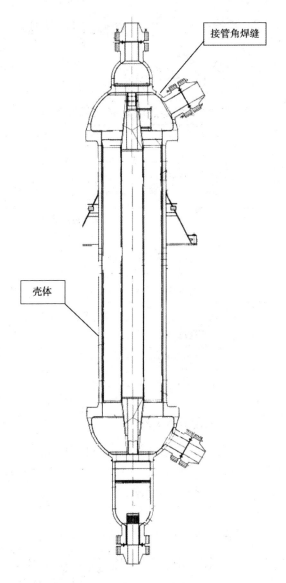

接管角焊缝

壳体

图4　缠绕管式换热器结构简图

缠绕管换热器壳体和绕管是焊为一体，没有大法兰连接，一般不做拆检，只做外部检测，必要时进行试压。

缠绕管换热器设备处于高温高压氢气中，螺纹锁紧环换热器设备处于高温高压氢气中，氢损伤及硫化氢腐蚀是一个严重问题，所以一般采用奥氏体不锈钢堆焊层，但这样会存在氢脆、硫化物应力腐蚀开裂、堆焊层氢剥离等现象，在其温度区间还存在铵盐结晶腐蚀等风险。

2.2.2.3 隐蔽项目检查方法

缠绕管线换热器隐蔽项目检查方法如表3所示。

表3 缠绕管线换热器隐蔽项目检查方法

设备部位	检查项目	检查内容及标准
壳体	1. 宏观检查	1. 壳体本体、对接焊缝、接管角焊缝等部位的裂纹、过热、变形、泄漏等，焊缝表面（包括近缝区），以肉眼或5~10倍放大镜检查裂纹。
	2. 测厚检查	2. 测厚壁厚大于安全壁厚，且与上次测量数据对比，测算腐蚀速率，重点检查部位如下：①筒体上距环焊缝和纵缝各40mm处部位测量。②接管测厚重点在距筒体约40mm处，不少于4点。③表面宏观检验查出的缺陷已进行打磨处。
	3. 无损检测	3.1 超声波检查，检查是否存在氢剥离裂纹现象，重点检查部位如下：进出口管。
		3.2 主焊缝磁粉探伤或渗透100%。
	4. 引压点检查	4. 引压管畅通完好。
	5. 基础检查	5. 基础板无腐蚀；基础有无裂纹破损、下沉、歪斜，地脚螺栓有无松动。
	6. 防腐保温检查	6.1 保温无破损，外保护箍圈不松弛，停工前检测外壁温度小于50℃，对大于50℃的部位进行更换。
		6.2 检查防腐层有无开裂、脱落。

2.2.2.4 处理措施及更换周期

（1）裂纹处理：①对于外表面深度小于3mm裂纹等缺陷打磨修复；超3mm的裂纹建议组织专家评审确定修复方案。②对于堆焊层的裂纹等缺陷应探明深度，如果缺陷未触及母材，作监控使用。

（2）螺栓更换周期：①器内螺栓一般拆检后进行更换，如重复使用需无损检测合格；②外部螺栓根据检测结果进行更换，更换新螺栓需对角更换。

（3）管束更换：①当管子出现外损伤或泄漏，一般采用堵管处理，堵管率超过 10% 建议进行更换；②管子出现整体性的减薄的或损坏，需进行评估后进行继续使用或更换。

（4）腐蚀情况检查：①由于管口位置容易出现铵盐结晶，针对此情况，停工时需要进行水洗，减少结晶情况；拆卸全过程进行微正压氮气保护；抽出管束后需要在半小时内进行水枪清洗。②涡流检测出现不合格时，需要 100% 检查，并对不合格管子进行堵管处理。

（5）密封面损坏，普通损坏进行研磨修复，严重时需制定相关修复方案。

（6）螺栓等易损坏一般一个大修周期更换一次，建议不超两个大修周期进行更换，如重复使用需无损检测合格。

（7）更换不合格压力表及辅助设备。

（8）按相关保温及防腐规定修复。

2.2.3　Ω 环加氢换热器

2.2.3.1　结构简图

Ω 环加氢换热器结构如图 5 所示。

2.2.3.2　结构特点及失效机理

Ω 环换热器的管板与管箱法兰、壳体法兰的密封采用 Ω 环密封结构，利用回转壳受压性能好的机理，设计制作 Ω 环密封元件；密封环与法兰、管板以角焊缝的形式连接，介质和环境完全隔绝，有效的解决了其它类型垫片可能出现的密封面失效问题，属于无垫片密封。Ω 环密封结构设备主螺栓具有较小的预紧和操作载荷，减小了设备法兰与主螺栓的尺寸和重量。

Ω 环换热器主要腐蚀机理为壳体及内构件的高温 $H_2S + H_2$ 腐蚀、壳体及内构件的氢腐蚀、氢脆、回火脆化、堆焊层剥离及连多硫酸开裂等。

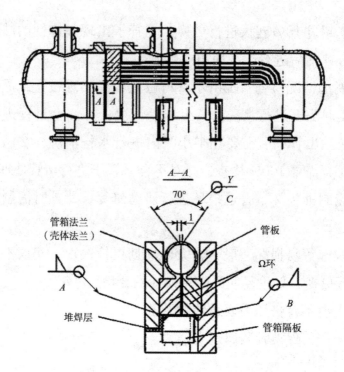

图5 Ω环加氢换热器结构简图

2.2.3.3 隐蔽项目检查方法

Ω环加氢换热器隐蔽项目检查方法如表4所示。

表4 Ω环加氢换热器隐蔽项目检查方法

设备部位	检查项目	检查内容及标准
壳体	1. 宏观检查	1. 壳体本体、对接焊缝、接管角焊缝等部位的裂纹、过热、变形、泄漏等，焊缝表面（包括近缝区），以肉眼或5～10倍放大镜检查裂纹。
	2. 测厚检查	2. 测厚壁厚大于安全壁厚，且与上次测量数据对比，测算腐蚀速率，重点检查部位如下： ①封头上从距环缝40mm起测量（测量点数根据容器尺寸及历史数据决定）。 ②筒体上距环焊缝和纵缝各40mm处部位测量。 ③接管测厚重点在距筒体约40mm处，不少于4点。 ④表面宏观检验查出的缺陷已进行打磨处。 ⑤发现严重腐蚀部位及冲刷凹陷处。 ⑥错边及棱角度较严重的部位。 ⑦其他内表面堆焊层按容器大小抽检测厚。

设备部位	检查项目	检查内容及标准
壳体	3. 无损检测	3.1 超声波检查，检查是否存在氢剥离裂纹现象，重点检查部位如下：进出口管、凸台堆焊层、其他部位进行抽检检查。
		3.2 主焊缝磁粉探伤，不低于20%。
		3.3 磁粉或渗透检查裂纹情况，具体检查位置如下： ①凸台、管口焊缝、主焊缝、支座焊缝、堆焊层。 ②返修部位。 ③铁素体含量较高部位。 ④其他部位进行抽检检测。
	4. 材质检查	4.1 铁素体检测，一般为 3% ~ 10%，重点检查位置如下： ①入口管周围壳体堆焊层。 ②筒体主焊缝过渡段堆焊层。 ③其他堆焊层进行比例抽检。
		4.2 硬度检测，检查主要受压元件材质是否劣化。主要检查部位为内外壁焊缝热影响区，其他部位进行抽检。
		4.3 金相检验，对超温部位，其他检测方法发现缺陷的部位，结构不合理部位，腐蚀严重部位和其他对材质有怀疑的部位进行微观组织检验。
	5. 引压点检查	5. 引压管畅通完好。
	6. 器内各支承焊接部位开裂、错位、磨损情况	6. 器内各支承部件不允开裂、错位、磨损、限位卡件固定螺母需双螺母锁紧或点焊。
	7. 压力表、仪表等辅助安全设备检查	7. 相关压力表、仪表拆检校验合格。
	8. 基础检查	8. 基础板无腐蚀；基础有无裂纹破损、下沉、歪斜，地脚螺栓有无松动。
	9. 防腐保温检查	9.1 保温无破损，外保护箍圈不松弛，停工前检测外壁温度小于50℃，对大于50℃的部位进行更换。
		9.2 检查防腐层有无开裂、脱落。

设备部位	检查项目	检查内容及标准
管束	1. 结焦、结垢、结盐情况检查	1. 换热器使用高压水枪清洗，清洗后表面无污垢、无油脂，内管干净、干燥无积水。
	2. 外观检查	2. 管子表面无裂纹、折叠等缺陷。
	3. 管板焊口腐蚀检查	3. 管板管口焊缝无减薄及腐蚀现象，全面着色合格。
	4. 管子涡流检测检查	4. 管子抽查不低于5%，无减薄现象。
	5. 密封板检查	5. 密封板无破损、开裂现象。
	6. 密封面检查	6. 密封面着色检查合格无裂纹，光洁无机械损伤、径向刻痕、严重锈蚀等缺陷。
	7. 紧固件检查	7. 螺栓孔无毛刺，拆检后螺栓孔一般建议重新攻丝，密封条螺栓铜锤敲打无松动现象。
分程箱	1. 清洁度检查	1. 表面清洁无积垢。
	2. 外观尺寸检查	2. 与图纸对照，无变形。
	3. 对中度检查	3. 管口覆盖壳层进出口管，无明显错位。
	4. 上管口密封	4. 上管口密封填料更换，收紧压盖螺栓，塞尺检查无间隙。
	5. 密封面检查	5. 密封面着色检查合格，无裂纹，光洁，无机械损伤、径向刻痕、严重锈蚀等缺陷。
Ω环	1. 表面检查	1. Ω环的内、外表面进行仔细检查，以便及时发现有害缺陷，对存在缺陷的Ω环可进行修复或者更换。
	2. 着色检查	2. 表面无裂纹。
	3. 外观尺寸检查	3. 与图纸对照，无变形。
	4. 组装	4.1 组装Ω环，保证Ω环与设备法兰或管板的同心度，偏差不大于0.5mm。
		4.2 将Ω环与设备法兰或管板进行焊接，至少分二遍施焊，且焊脚高度≥6mm，施焊完成后焊接接头按 NB/T 47013.5—2015 进行100%渗透检测，Ⅰ级合格。
新材料	1. 螺栓垫片	1. 垫片、螺栓规格符合图纸要求，螺栓材质、超声、磁粉等全检合格。
	2. 其他内件	2. 内件尺寸、材质符合图纸要求。

2.2.3.4 处理措施及更换周期

（1）裂纹处理：①对于外表面深度小于 3mm 裂纹等缺陷打磨修复；超 3mm 的裂纹建议组织专家评审确定修复方案。②对于堆焊层的的裂纹等缺陷应探明深度，如果缺陷未触及母材，作监控使用。

（2）螺栓更换周期：①器内螺栓一般拆检后进行更换，如需重复使用需要进行无损检测后可使用；②外部螺栓根据检测结果进行更换，更换新螺栓需对角更换。

（3）管束更换：①当管子出现外损伤或泄漏，一般采用堵管处理，堵管率超过 10% 建议进行更换；②管子出现整体性的减薄的或损坏，需进行评估后进行继续使用或更换。

（4）腐蚀情况检查：①由于管口位置容易出现铵盐结晶，针对此情况，停工时需要进行水洗，减少结晶情况；拆卸全过程进行微正压氮气保护；抽出管束后需要在半小时内进行水枪清洗。②涡流检测出现不合格时，需要 100% 检查，并对不合格管子进行堵管处理。

（5）Ω 型环的使用寿命主要取决于两个 Ω 型半环间对接焊缝的质量，试验表明通过对装、拆焊接工艺进行严格的控制，Ω 环可重复装、拆 4 ~ 6 次。

（6）密封面损坏，普通损坏进行研磨修复，严重时需制定相关修复方案。

（7）螺栓等易损件一般一个大修周期更换一次，建议不超两个大修周期进行更换，如重复使用需无损检测合格。

（8）更换不合格压力表及辅助设备。

（9）按相关保温及防腐规定修复。

2.2.4 普通换热器

2.2.4.1 结构简图及特点

常减压装置常用为管壳式换热器，如固定管板式、浮头式和 U 型管式。也有部分特殊结构的换热器，如板式换热器等。

（1）固定管板式换热器

固定管板式换热器结构如图6所示。

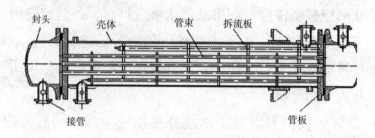

图6　固定管板式换热器结构图

这种固定管板式换热器，两端的管板均与壳体焊成一体。这种换热器结构坚固、处理量大、适应性强，成产成本低。由于管板相对于壳体不能有位移，所以这类换热器只能用于管壳侧介质的温度较小的情况，当管子与壳体温度相差较大时，由于膨胀程度不同，会产生较大的热应力，并且不易清洗，适用于温差较小、不易结垢的流体。

一般规定当冷、热介质对数平均温差大于50℃即不使用，原油蒸馏装置中使用较少。

（2）浮头式换热器

浮头式管壳换热器两端分别设计固定管板和活动管板，浮头可以沿管长方向在壳体内自由移动，不会由于两流体温差太大而产生温差应力，管束还可以拉出来清洗或更换，适用各种温差类别流体的换热，是目前炼厂应用最多的一类换热器。

浮头式换热器结构如图7所示。

当壳程一侧的介质压力很高，管程及壳程两侧介质温差较大时，通常采用一端管板与壳体固定，另一端管板与壳体有相对位移的浮头式换热器。

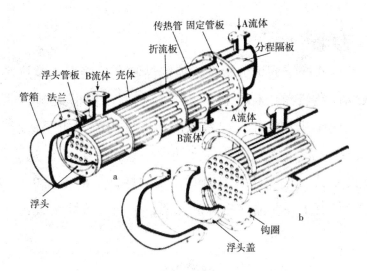

图7 浮头式换热器结构图

（3）U型管式换热器

U型管式换热器结构如图8所示。

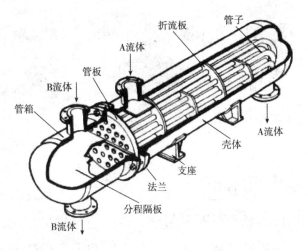

图8 U型管式换热器结构图

U型管式换热器的每一束管子都被制成不同曲率半径的U型，其两端都固定在同一块管板上，并用隔板将封头隔成两室。可适用于温差较大的两流体，构造简单，生产成本低，但是U型部分管子清洗困难，U型管排列数目少，传热面积小。适用于温差大、不易结垢的流体。

（4）板式换热器

板式换热器按结构可分板框式换热器和全焊接板式换热器。

①板框式换热器俗称可拆卸板式换热器，板框式换热器由板片、压紧板、上鞋导杆、垫片、拧紧螺栓和螺母构成，如图9所示。板片为压制有波纹、密封槽和角孔的金属薄板，是重要的传热原件。波纹不仅可强化传热，而且可以增加薄板的刚性，从而提高板式换热器的承压能力，并由于促使流体呈湍流状态，可减轻沉淀物或污垢的形成，起一定的"自洁"作用。

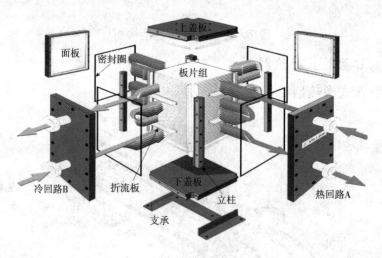

图9　板框式换热器结构简图

板片悬挂在上下导杆之间，板片的数量、顺序和方向按照设计要求而定，板片的周围和角孔处有密封槽，供防止密封垫片用，固定压紧板与支柱通过上、下导杆连成一体，拧紧夹紧螺母和螺柱时，板片被推向固定压紧板，直至达到规定的尺寸为止，如果需要，可卸去夹紧螺母和螺柱，推开活动压紧板，取下板片和密封垫片，进行清洗和更换。

②全焊接板式换热器的结构主要有方箱形式和圆筒形两大类。全焊接板式换热器有板束、壳体、进出口接管和支座构成。板束是将板

片按流道要求焊接而成，完全不用密封垫片。它兼有管壳式换热器耐温、耐压和板式换热器高效、紧凑的特点，焊接方法可采用激光焊、电子束焊、等离子焊或气体保护氩弧焊等。适用于化工、石油、医药、电力、机械、轻工和冶金等工业的加热、冷却、冷凝和蒸发等场合。

2.2.4.2 失效形式

造成换热设备劣化和失效的主要形式和原因有腐蚀、机械及热应力损伤。

（1）腐蚀

换热设备管束受到的腐蚀取决于管束内外侧介质的化学组分、浓度、压力、流速，以及管束本身的材质性能。腐蚀主要有以下表现形式：

①介质引起的均匀腐蚀；

②应力腐蚀开裂，如奥氏体不锈钢管的应力腐蚀开裂；

③冷却水引起的各种腐蚀，如磨蚀与冲蚀，结垢引起的坑蚀。还有一些其他形式的腐蚀，如管子与管板间的缝隙腐蚀，管板与管束材质不一引起的电偶腐蚀等。

（2）机械及热应力损伤

换热设备会在使用中受到各种不同类型的机械损伤，主要有以下几种情况：

①管子与管板胀接处发生松动；

②管子与管板大的温差引起的焊缝开裂、胀接松脱；

③化学清洗及机械清理引起的损伤；

④振动产生的疲劳损伤。

（3）板式换热器的失效形式

常见的板换的失效形式为内漏和外漏。由于板式换热器的密封周边较长，板片又较薄，在使用过程中可能会出现渗漏现象。渗漏现象可分为内漏和外漏两种情况。

①板式换热器的外漏

这是指换热设备内的介质向外部空间的渗漏。这种渗漏现象一般容易发现，引起这种渗漏的主要原因是垫片老化、被腐蚀或板片变形。当发生这种渗漏时，应及时在渗漏部位做上记号，打开设备以更换垫片或板片。

②板式换热器的内漏

这是指换热设备内的两种介质由于某种原因造成高压侧介质向低压侧渗漏。这种渗漏现象一般不易及时发现。引起这种渗漏的主要原因是板片穿孔、裂纹和被腐蚀。发现这种渗漏的方法是要经常对低压侧的介质进行化验，从其组分的变化中加以判断。

2.2.4.3　隐蔽项目检查方法

（1）管壳式换热器（浮头式换热器为例）

隐蔽项目检查方法如表5所示。

表5　浮头式换热器隐蔽项目检查方法

设备部位	检查项目	检查方法及标准
壳体	1. 外观检查	1.1　目视检查筒体、封头、管箱、接管、附属仪表外部，无变形、泄漏、腐蚀、开裂等；目视或用锤击检查接管及角焊缝，无腐蚀脱落、无裂纹，坚实牢固。
		1.2 目视检查筒体内表面，无严重腐蚀的凹坑、凹槽（能满足强度要求）；检查内部焊缝，无腐蚀开裂；各管口畅通无堵塞。
		1.3 目视检查管箱隔板腐蚀减薄情况，从腐蚀速率判断剩余厚度是否满足下一周期使用要求。
		1.4 用铁丝等物插入引压管，畅通完好。
	2. 测厚检查	2.1 重点检查部位两端封头、物料进、出口、流量转向、界面突变处、接管部位。
		2.2 宏观检查发现减薄部分。
		2.3 测厚点数根据设备尺寸、以往检验数据确定。

设备部位	检查项目	检查方法及标准
壳体	3. 无损检测	3.1 从外表面对主焊缝进行检验,首先对主焊缝进行磁粉或超声探伤(比例按压力容器检验规程)。
		3.2 渗透检查裂纹情况,重点检查位置如下: ①管口角焊缝。 ②返修部位。 ③其他部位进行抽检检测。
	4. 器内各支承焊接部位开裂、错位、磨损情况	4. 器内各支承部件不允开裂、错位、磨损,限位卡件固定螺母需双螺母锁紧或点焊。
	5. 压力表、仪表等辅助安全设备检查	5. 相关压力表、仪表拆检校验合格。
	6. 裙座及基础检查	6. 裙座无变形、裂纹,基础板无腐蚀;基础有无裂纹破损,下沉,歪斜,地脚螺栓有无松动。
管束	1. 管束堵塞及结垢情况	1. 目测、高压水通水检查、通钢管检查,应无堵塞及结垢。
	2. 密封面	2. 目测有无影响密封的缺陷,如凸起、凹坑、划痕,密封面应无径向划痕或损伤。
	3. 管束防腐	3. 对于涂料防腐的管束,目测及测量检查脱落情况,判断是否可以使用至装置运行周期末。
	4. 管子	4. 目测、内窥镜,涡流测厚检查管子腐蚀、变形等损坏情况。
	5. 管板及其它管束构件	5. 目测及测量检查管板、折流板、防冲挡板等腐蚀及损坏情况。
小浮头及螺栓	1. 本体及密封面	1. 目测及测量检查浮头盖完好情况,目测密封面有无影响密封的缺陷,如凸起、凹坑、划痕,密封面应无径向划痕或损伤。
	2. 牺牲阳极	2. 检查水冷器牺牲阳极块腐蚀情况是否严重,根据腐蚀速率估算是否可使用一个周期。
	3. 螺栓	3. 目测、测量检查螺栓的腐蚀、螺纹损坏情况。

设备部位	检查项目	检查方法及标准
管箱	1. 本体及密封面	1. 目测及测量检查浮头盖完好情况，目测密封面有无影响密封的缺陷，如凸起、凹坑、划痕，密封面应无径向划痕或损伤。
	2. 牺牲阳极块	2. 检查水冷器牺牲阳极块腐蚀情况是否严重，根据腐蚀速率估算是否可使用一个周期。
外头盖	1. 本体及密封面	1. 目测及测量检查外头盖完好情况，目测密封面有无影响密封的缺陷，如凸起、凹坑、划痕，密封面应无径向划痕或损伤。

（2）板式换热器（以板框式换热器为例）隐蔽项目检查方法如表6所示。

表6　板框式换热器隐蔽项目检查方法

设备部位	检查项目	检查方法及标准
支承、立柱	1. 支承外形	1. 目测有无变形，裂纹等缺陷。
盖板	1. 本体	1. 检查盖板本体有无变形、腐蚀减薄、裂纹等缺陷；检查紧固螺栓有无松动、腐蚀、螺纹损坏等缺陷。冲蚀、腐蚀减薄应在 GB/T 150《钢制压力容器》所规定的范围内。
	2. 密封面	2. 目测有无影响密封的缺陷，如凸起、凹坑、划痕，密封面应无径向划痕或损伤。必要时可着色检查密封面缺陷。
面板	1. 本体	1. 检查面板本体有无变形、腐蚀减薄、裂纹等缺陷；检查紧固螺栓有无松动、腐蚀、螺纹损坏等缺陷；着色检查工艺接管开孔焊缝有无夹渣、裂纹等缺陷。建议一个周期至两个周期，拆至厂房进行打压检查，邀请生产厂家共同检查。
	2. 密封面	2. 目测有无影响密封的缺陷，如凸起、凹坑、划痕，密封面应无径向划痕或损伤。必要时可着色检查密封面缺陷。
密封圈	1. 本体	1. 检查密封圈外表面有无开裂、变形、缺损等缺陷。
垫片	1. 本体	1. 检查垫片是否有划痕、断裂等缺陷。

设备部位	检查项目	检查方法及标准
板片组	1. 槽形板、管箱	1.1 检查板片有无变形、穿孔、裂纹、腐蚀等缺陷（可用透光、着色检查方法，查出废板片）；检查板片表面有无结垢。
		1.2 组装板片，检查板片有无错边等缺陷；检查板片间密封垫有无变形，开裂等缺陷。
		1.3 检查管箱本体和密封面有无变形、腐蚀减薄、裂纹等缺陷。
	2. 板片组试压	2. 拆开板式换热器，清楚表面上的污垢，擦干后将换热器重新组装起来。在一侧进行压力为 0.2～0.3MPa 的水压试验。观察另一侧板片的出水位置并做好标记，打开后检查未试压侧的板片，其中湿的板片则是损坏。
接管	1. 本体	1. 目测检查表面有无变形、腐蚀减薄、裂纹等缺陷；着色检查接管焊缝有无开裂、砂眼等。
	2. 接管法兰密封面	2. 目测有无影响密封的缺陷，如凸起、凹坑、划痕，密封面应无径向划痕或损伤。必要时可着色检查密封面缺陷。
螺栓	1. 本体	1. 目测、测量检查螺栓的腐蚀、螺纹损坏情况。

2.2.4.4 处理措施及更换周期

（1）普通换热器

①换热管堵塞

采用高压水清洗，特殊情况下配合采用机械疏通或化学清洗。

②换热器管腐蚀泄漏

管子有破裂或腐蚀穿漏，可用堵头将此管堵住，必要时加焊。同一管程内，堵死管子一般不应超过管子总数的 10%，如工艺允许，可以适当增加，否则应更换管束、材质升级及采取其它防腐措施。如管束管子与管板处有渗漏，可进行补胀或焊接，如采用补胀，补胀数最多不超过三次，否则需换管子。将各缺陷处理后，重新升压，直到合格为止。

③换热器防腐层检查

根据管束使用周期，综合确定重新防腐或进行材质升级方案。

④浮头螺栓更换

按 10%～20% 的比例备料更换，视情况增、减更换比例。

⑤水冷器涂层及牺牲阳极

管束及管板涂层失效或脱落较多时需要重新防腐；出现过泄漏的水冷器需重新做冷涂处理。根据使用周期，如估算无法使用至周期末应更换新牺牲阳极块。

⑥压力容器检验缺陷修复

壳体及焊缝修补等压力容器缺陷修复按 SHS 01004《压力容器维护检修规程》、TSG21《固定式压力容器安全技术监察规程》的要求执行。

（2）板式换热器

①板片流道堵塞，表面结垢

可采用化学清洗，机械清洗，综合清洗。化学清洗应遵循给定的方案并使用规定的清洁剂。清洗溶液必须向上流动，如果可能的话清洗溶液的流量控制在 50% 的设计流量。机械清洗用蒸汽或高压水清洗（水力冲洗的压力不得超过 50MPa）。

②板片和密封垫损坏

检查出来的废板片和垫片都要进行更换，重新组装后使用。更换废板片和损坏的密封垫后，组装后必须对每个通道进行压力试验，同时保持另一侧与周围大气压相通。试验压力按设备铭牌上的压力进行水压试验。对于每个通道的保压时间为 30min。

③面板和盖板缺陷修复

面板和盖板密封面小凹坑补焊后，打磨齐平；裂纹需打磨再补焊、打磨齐平。修复后的密封面着色检查合格。如面板和盖板损坏严重，则安排更换。

④螺栓更换

按10%~20%的比例备料更换，视情况增、减更换比例。

2.2.5 高压空冷器

2.2.5.1 结构简图

高压空冷器结构如图10所示。

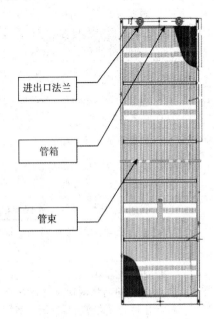

进出口法兰

管箱

管束

图10 高压空冷结构简图

2.2.5.2 结构特点及失效机理

高压空冷器管束主要为管束箱体焊接、翅片管与管板的焊接。管束是承受高压的组焊部件，因此管束焊接质量的好坏决定了高压空冷器的最终质量。

失效机理一般为：①管束内壁的铵盐结晶及其垢下腐蚀。②管板与管束焊缝的应力腐蚀。③管板密封面螺栓及垫片的失效问题。

2.2.5.3 隐蔽项目检查方法

高压空冷器隐蔽项目检查方法如表7所示。

表7 高压空冷器隐蔽项目检查方法

设备部位	检查项目	检查内容及标准
总体要求		停工前空冷内壁水洗合格。在排水中分析铵、氮、氯离子含量相对稳定（一般稳定 4h），水洗结束。
本体	1. 测厚检查	1. 测厚壁厚大于安全壁厚，且与上次测量数据接近，重点检查部位如下： ①管箱入口段进行抽检。 ②进出口管。
	2. 无损检测	2. 渗透检查裂纹情况，重点检查位置如下： ①抽查进出口管与管箱连接焊缝。 ②管箱焊缝抽查不低于 5%。
	3. 清洁度检查	3. 翅片管外部无积灰，内壁管水洗合格。
	4. 翅片管检查	4. 翅片管无明显变形，无外腐蚀现象，如弯曲严重需进行评估或更换。
	5. 涡流检测检查	5. 抽检不低于 5% 管子，壁厚无减薄，全部合格。
	6. 内窥镜检查	6. 主要检查管束内部是否有堵塞或其他缺陷，一般根据拆检堵头数量进行检查。
	7. 框架检查	7. 框架无变形、裂纹，连接螺栓无松动。
	8. 丝堵	8. 检查管箱丝堵螺纹腐蚀、损伤、滑牙情况，清理密封面。
	9. 破坏性检查	9. 如发现管束出现普遍性缺陷（如整体减薄、堵塞、弯曲等），可进行切割管束进行材质分析等方法进行原因分析，并制定相关更新或升级方案。
法兰密封面	1. 螺栓	1. 螺栓规格符合图纸要求，复检 10% 数量螺栓，材质抽检合格、超声、磁粉检测按 NB/T 47013 一级合格。
	2. 垫片	2. 垫片材质复验合格，八角垫硬度比法兰密封面硬度低 30~40HB，尺寸合格。
	3. 检验情况	3. 密封面法兰目测检查无明显裂纹或其他缺陷，必要时进行密封法兰着色检查。
	4. 密封面清洁度检查	4. 法兰密封面光洁无机械损伤、径向刻痕、严重锈蚀等缺陷，法兰孔及法兰清锈绣并吹扫干净。
	5. 密封面与垫片接触试验检查	5. 密封面与垫片红丹涂抹转动 90°后，接触线连续不断。
风机		按风机检修规范要求进行。

2.2.5.4 处理措施及更换周期

①裂纹处理：对裂纹的部位打磨补焊或视情况更换。

②翅片管积灰严重是可使用高压水枪现场清洗，同时做好电机防水措施。

③翅片管变形及内腐蚀现象，如情况严重需进行评估或更换。

④涡流检测出现不合格，需要扩大检查比例，并对不合格管子进行堵管处理。

⑤法兰密封面损坏，一般采用200目以上砂纸研磨修复，严重损坏时更换法兰。

⑥构架问题按规定更换螺栓或进行基础等修复。

⑦油漆及防火问题按相关防火及防腐规定修复。

2.3 塔器

加氢装置的塔类设备按照内件结构可分为板式塔和填料塔。下面详细列出了主汽提塔、分馏塔、循环氢脱硫塔、干气脱硫塔（填料塔）的结构特点、失效机理、隐蔽项目检查方法及处理措施，其余塔器参照执行。

2.3.1 主汽提塔

2.3.1.1 结构简图

主汽提塔结构如图11所示。

2.3.1.2 结构特点及失效机理

主汽提塔为板式塔，进料处设有入口分布器，塔底采用蒸汽加热汽提方式将介质中的硫化氢汽提出去。

主汽提塔主要的腐蚀机理为顶部塔壁、塔封头、塔内构件、塔顶

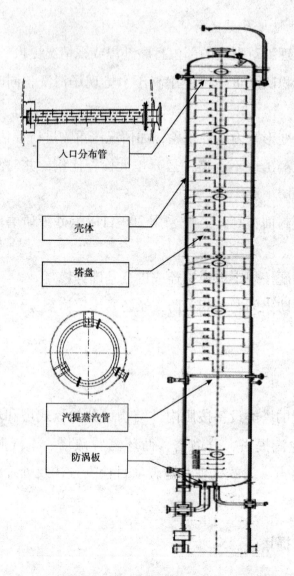

入口分布管

壳体

塔盘

汽提蒸汽管

防涡板

图 11 主汽提塔结构简图

冷凝冷却系统的 $H_2S + H_2O$ 腐蚀，对碳钢构件，腐蚀形态为均匀腐蚀减薄及硫化物应力腐蚀开裂，对 0Cr13 不锈钢为点蚀；底部塔壁及底封头主要为高温硫腐蚀的均匀腐蚀减薄。

2.3.1.3 隐蔽项目检查方法

主汽提塔隐蔽项目检查方法如表 8 所示。

表8　主汽提塔隐蔽项目检查方法

设备部位	检查项目	检查内容及标准
壳体	1. 宏观检查	1.1 目视检查塔体外部，无腐蚀、鼓包、变形。
		1.2 目视或用5～10倍放大镜检查外部对接焊缝、接管角焊缝，无裂纹。接管角焊缝可以用尖头锤敲击检查，判断是否存在脱落、减薄等情况。
		1.3 重点检查初顶回流以上，以及回流口以下5层的内部筒体，目视检查，无腐蚀凹坑，凹槽。
		1.4 对于加贴衬板的，要检查焊缝的情况，若是焊缝穿口，会残留油迹，可以用尖头锤敲击，从声音判断衬板紧贴程度。肉眼检查，衬板的表面是否存在明显的点蚀。
		1.5 检查各个抽出口、仪表口是否顺畅，是否存在堵塞，如果有抽出挡板的，应先抽干周围的残留液体，检查抽出挡板情况，不能有松动、晃动的情况.
		1.6 检查筒体的外保温、其保温支承结构及油漆的情况，以及焊点有无脱落。
	2. 壁厚测量	2. 剩余壁厚应大于安全壁厚，对比上一次的数据，计算腐蚀速率，针对现在加工高酸高硫的原油，一般腐蚀速率≤0.25mm/a，如果有必要，扩大检测范围。重点检查部位如下： ①各段筒体分别进行抽检测厚，具体的测量点数，视塔的直径决定，一般为4～8个点。 ②对筒体上的各个出口及返回口的法兰颈或者直管段进行测厚，对于伸入塔内的接管，也应进行测厚，剩余厚度可满足下一周期使用要求。 ③根据日常操作液位波动区域上下1000mm区域。 ④上、下部封头。 ⑤发现严重腐蚀部位及冲刷凹陷处。 ⑥棱角度较严重的部位。
	3. 无损检测	3.1 主焊缝进行磁粉探伤，不少于20%。
		3.2 渗透抽查支承梁焊缝、管口焊缝裂纹情况。
塔内件	1. 宏观检查	1.1 目视检查塔盘降液板、受液盘等部件，无结焦、污垢、堵塞。
		1.2 目视检查塔板、鼓泡元件和支承结构，无腐蚀、变形，坚固可靠。

设备部位	检查项目	检查内容及标准
塔内件	1. 宏观检查	1.3 检查其浮阀、条阀，无卡死、变形、磨损等现象，浮阀、条阀孔无堵塞。
		1.4 使用尖头锤敲击检查塔盘及紧固件，应该是连接坚固牢靠，不能有任何松动现象。
		1.5 统计浮阀、条阀的缺失率，以及塔内紧固件的完好程度，及时修复，确保能满足在下一个生产周期使用。
		1.6 检查塔内接管的紧固件及法兰密封件，无松动及腐蚀。
	2. 测量检查	2.1 对塔盘、鼓泡元件和塔内构件进行测厚，测厚的点数，视宏观检查的腐蚀情况决定，一般进行抽检；发现出问题的数量较大的时候，考虑铺开全面检查，一个原则是其剩余厚度应保证至少能使用到下个检修周期。
		2.2 浮阀弯脖角度一般为 $45° \sim 90°$，且浮阀应开启灵活开度一致，不得有卡涩和脱落现象。
		2.3 塔盘上阀孔直径冲蚀后，其孔径增大值不大于 2mm。
		2.4 支承圈上表面应平整，（用水平仪测量）整个支承圈水平度允差为 3mm（$D \leqslant 1600$）、5mm（$D = 1600 \sim 4000$）、6mm（$D = 4000 \sim 6000$）；相邻两层支承圈的间距尺寸偏差为 ±3mm，任意两层支承圈间距尺寸偏差在 20 层内为 ±10mm。
		2.5 支承梁上表面应平直，其直线度公差为 1‰L（L 为支承梁长度），且不大于 5mm；支承梁上表面应与支承圈上表面在同一水平面上（用水平仪测量），水平度允差为 3mm。
进料口	1. 宏观检查	1. 主要检查防冲刷板的情况，是否存在明显的腐蚀、各个支承板是否存在松动，用尖头锤敲击检查，确认其支承能力。
密封面	1. 宏观检查	1. 密封面光洁无机械损伤、径向刻痕、严重锈蚀等缺陷。
	2. 无损检测	2. 结合日常运行及宏观检查情况，必要时密封面进行无损检测，无裂纹。

设备部位	检查项目	检查内容及标准
塔附件	1. 检查塔区消防线、放空线等安全设施	1. 宏观检查消防线、放空线齐全畅通。
	2. 检查梯子、平台、栏杆	2. 目视或用敲击检查，钢结构焊缝无开裂，平台板、楼梯踏板、护栏无缺失，无腐蚀穿孔，无变形，连接牢固，有足够承重和防护能力，防腐涂层、防火层完好。
塔体防腐	1. 宏观检查	1.1 塔体防腐层不应有鼓泡、裂纹和脱层。
		1.2 检查保温拆开处，无保温层下腐蚀。

2.3.1.4 处理措施及更换周期

（1）检修材料质量情况跟踪：对于特殊材质的，或者材质有要求的部分，要在材料到货后，对材料进行抽检确认是否相符；关键配件的尺寸参数也需要抽检确认。

（2）受压元件的维护检修遵照 SHS 01004《压力容器维护检修规程》。

（3）裂纹处理：塔体的裂纹有很多种，处理情况也分别不一样：

①不穿透的裂纹：当深度不超过壁厚的 40% 时，应先将裂纹两端各钻一个小孔，防止裂纹继续扩展。然后从裂纹两侧铲出坡口。深度以铲除裂缝为准，然后采用分段倒退法进行焊接，以减少热应力和热变形，若是复合板，则焊接材料考虑用与复合板材料相当或者更高级别，焊接完成之后，视要求，可以考虑做局部的热处理，并着色检查。

②穿透的窄裂缝（厚度小于 15mm），应先将裂缝两端各钻一个直径稍大于裂缝宽度的孔，沿裂缝两侧铲出坡口。当厚度小于 12~15mm 时，可采用单面坡口；厚度大于 12~15mm 时，采用双面坡口；当裂缝长度小于 100mm 时，可一次焊完。否则可采用分段倒退法进行焊

接，以减少热应力。施焊时应从裂缝的两端向中间进行，并采用多层焊。凡有应力集中的部位，不能用此法补焊。

③穿透的宽裂缝（厚度大于15mm），应将带有整个裂缝的钢板切割一块下来，在切口边缘加工出坡口，然后再补焊一块同样大小的相同材料的钢板。切下来的钢板的长度比裂缝长度要大50~100mm，宽度不小于250mm，以避免在焊接补板的两条平行焊缝时彼此相互产生影响。补板时应采用从中心向两端的对称分段焊接法，这样可使补板四周的间隙均匀。

（4）对于内衬板不是复合板一体的情况，若是出现内衬板鼓包、焊缝穿孔（残留油迹）等情况，考虑单独更换出问题的贴板，或者对焊缝进行补焊。对测厚发现有明显减薄或者当前厚度已经无法满足下个周期安全生产的情况，进行更换；对于接管腐蚀或者接管与塔壁的角焊缝检查不符合要求的，进行更换接管或者打磨角焊缝，重新补焊好。

2.3.2 分馏塔

2.3.2.1 结构简图
分馏塔结构如图12所示。

2.3.2.2 结构特点及失效机理
分馏塔为板式塔，主要的腐蚀机理为顶部塔壁、塔封头、塔内构件、塔顶冷凝冷却系统的 $H_2S + H_2O$ 腐蚀，对碳钢构件，腐蚀形态为均匀腐蚀减薄及硫化物应力腐蚀开裂；底部塔壁及底封头主要为高温硫腐蚀的均匀腐蚀减薄。

2.3.2.3 隐蔽项目检查方法
分馏塔隐蔽项目检查方法如表9所示。

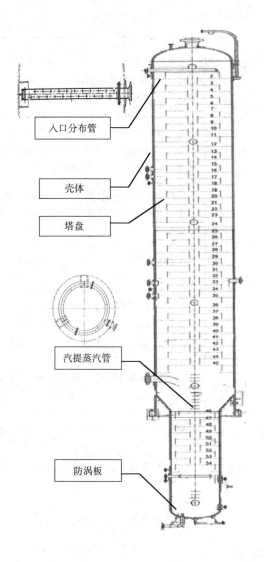

入口分布管

壳体

塔盘

汽提蒸汽管

防涡板

图 12　分馏塔结构简图

表 9　分馏塔隐蔽项目检查方法

设备部位	检查项目	检查内容及标准
壳体	1. 宏观检查	1.1 目视检查塔体外部，无腐蚀、鼓包、变形。
		1.2 目视或用 5～10 倍放大镜检查外部对接焊缝、接管角焊缝，无裂纹。接管角焊缝可以用尖头锤敲击检查，判断是否存在脱落、减薄等情况。

设备部位	检查项目	检查内容及标准
壳体	1. 宏观检查	1.2 重点检查顶回流以上，以及回流口以下5层的内部筒体，目视检查，无腐蚀凹坑，凹槽。
		1.3 对于加贴衬板的，要检查焊缝的情况，若是焊缝穿口，会残留油迹，可以用尖头锤敲击，从声音判断衬板紧贴程度。肉眼检查，衬板的表面是否存在明显的点蚀。
		1.4 检查各个抽出口、仪表口是否顺畅，是否存在堵塞，如果有抽出挡板的，应先抽干周围的残留液体，检查抽出挡板情况，不能有松动、晃动的情况.
		1.5 检查筒体的外保温、其保温支承结构及油漆的情况，以及焊点有无脱落。
	2. 壁厚测量	2. 剩余壁厚应大于安全壁厚，对比上一次的数据，计算腐蚀速率，针对现在加工高酸高硫的原油，一般腐蚀速率≤0.25mm/a，如果有必要，扩大检测范围。重点检查部位如下： ①各段筒体分别进行抽检测厚，具体的测量点数，视塔的直径决定，一般为4~8个点。 ②对筒体上的各个出口及返回口的法兰颈或者直管段进行测厚，对于伸入塔内的接管，也应进行测厚，剩余厚度可满足下一周期使用要求。 ③根据日常操作液位波动区域上下1000mm区域。 ④上、下部封头。 ⑤发现严重腐蚀部位及冲刷凹陷处。 ⑥棱角度较严重的部位。
	3. 无损检测	3.1 主焊缝进行磁粉探伤，不少于20%。
		3.2 渗透抽查支承梁焊缝、管口焊缝裂纹情况。
塔内件	1. 宏观检查	1.1 目视检查塔盘降液板、受液盘等部件，无结焦、污垢、堵塞。
		1.2 目视检查塔板、鼓泡元件和支承结构，无腐蚀、变形，坚固可靠。
		1.3 检查其浮阀、条阀，无卡死、变形、磨损等现象，浮阀、条阀孔无堵塞。

设备部位	检查项目	检查内容及标准
塔内件	1. 宏观检查	1.4 使用尖头锤敲击检查塔盘及紧固件，应该是连接坚固牢靠，不能有任何松动现象。
		1.5 统计浮阀、条阀的缺失率，以及塔内紧固件的完好程度，及时修复，确保能满足在下一个生产周期使用。
		1.6 检查塔内接管的紧固件及法兰密封件，无松动及腐蚀。
	2. 测量检查	2.1 对塔盘、鼓泡元件和塔内构件进行测厚，测厚的点数，视宏观检查的腐蚀情况决定，一般进行抽检；发现出问题的数量较大的时候，考虑铺开全面检查，一个原则是其剩余厚度应保证至少能使用到下个检修周期。
		2.2 浮阀弯脖角度一般为45°～90°，且浮阀应开启灵活开度一致，不得有卡涩和脱落现象。
		2.3 塔盘上阀孔直径冲蚀后，其孔径增大值不大于2mm。
		2.4 支承圈上表面应平整，（用水平仪测量）整个支承圈水平度允差为3mm（$D \leqslant 1600$）、5mm（$D = 1600 \sim 4000$）、6mm（$D = 4000 \sim 6000$）；相邻两层支承圈的间距尺寸偏差为 ±3mm，任意两层支承圈间距尺寸偏差在 20 层内为 ±10mm。
		2.5 支承梁上表面应平直，其直线度公差为1‰L（L 为支承梁长度），且不大于5mm；支承梁上表面应与支承圈上表面在同一水平面上（用水平仪测量），水平度允差为3mm。
进料口	1. 宏观检查	1. 主要检查防冲刷板的情况，是否存在明显的腐蚀、各个支承板是否存在松动，用尖头锤敲击检查，确认其支承能力。
密封面	1. 宏观检查	1. 密封面光洁无机械损伤、径向刻痕、严重锈蚀等缺陷。
	2. 无损检测	2. 结合日常运行及宏观检查情况，必要时密封面进行无损检测，无裂纹。

设备部位	检查项目	检查内容及标准
塔附件	1. 检查塔区消防线、放空线等安全设施	1. 宏观检查消防线、放空线齐全畅通。
	2. 检查梯子、平台、栏杆	2. 目视或用敲击检查，钢结构焊缝无开裂，平台板、楼梯踏板、护栏无缺失，无腐蚀穿孔，无变形，连接牢固，有足够承重和防护能力，防腐涂层、防火层完好。
塔体防腐	宏观检查	1. 塔体防腐层不应有鼓泡、裂纹和脱层。
		2. 检查保温拆开处，无保温层下腐蚀。

2.3.2.4 处理措施及更换周期

（1）检修材料质量情况跟踪：对于特殊材质的，或者材质有要求的部分，要在材料到货后，对材料进行抽检确认是否相符；关键配件的尺寸参数也需要抽检确认。

（2）受压元件的维护检修遵照 SHS 01004《压力容器维护检修规程》。

（3）裂纹处理：塔体的裂纹有很多种，处理情况也分别不一样：

①不穿透的裂纹：当深度不超过壁厚的 40% 时，应先将裂纹两端各钻一个小孔，防止裂纹继续扩展。然后从裂纹两侧铲出坡口。深度以铲除裂缝为准，然后采用分段倒退法进行焊接，以减少热应力和热变形，若是复合板，则焊接材料考虑用与复合板材料相当或者更高级别，焊接完成之后，视要求，可以考虑做局部的热处理，并着色检查。

②穿透的窄裂缝（厚度小于 15mm），应先将裂缝两端各钻一个直径稍大于裂缝宽度的孔，沿裂缝两侧铲出坡口。当厚度小于 12 ～ 15mm 时，可采用单面坡口；厚度大于 12 ～ 15mm 时，采用双面坡口；当裂缝长度小于 100mm 时，可一次焊完。否则可采用分段倒退法进行焊接，以减少热应力。施焊时应从裂缝的两端向中间进行，并采用多层

焊。凡有应力集中的部位，不能用此法补焊。

③穿透的宽裂缝（厚度大于 15mm），应将带有整个裂缝的钢板切割一块下来，在切口边缘加工出坡口，然后再补焊一块同样大小的相同材料的钢板。切下来的钢板的长度比裂缝长度要大 50～100mm，宽度不小于 250mm，以避免在焊接补板的两条平行焊缝时彼此相互产生影响。补板时应采用从中心向两端的对称分段焊接法，这样可使补板四周的间隙均匀。

（4）对于内衬板不是复合板一体的情况，若是出现内衬板鼓包、焊缝穿孔（残留油迹）等情况，考虑单独更换出问题的贴板，或者对焊缝进行补焊，更换贴板时，要首先进行清洗，焊接完成后，要进行着色，并同时进行打压查漏，最后在封好打压孔。对测厚发现有明显减薄或者当前厚度已经无法满足下个周期安全生产的情况，进行更换；对于接管腐蚀或者接管与塔壁的角焊缝检查不符合要求的，进行更换接管或者打磨角焊缝，重新补焊好。

2.3.3 循环氢脱硫塔

2.3.3.1 结构简图

循环氢脱硫塔结构如图 13 所示。

2.3.3.2 结构特点及失效机理

循环氢脱硫塔为高压设备，通常有浮阀塔和填料塔两种形式。塔底部设有气体入口分布器，含硫化氢的氢气在上升的过程中在填料或塔盘上与吸收液接触，完成分离。

循环氢脱硫塔主要的腐蚀机理为 $H_2S + H_2O$ 的腐蚀。硫化物腐蚀过程析出的氢原子向钢中渗透，在钢中的裂纹、夹杂、缺陷等处聚集并形成分子，从而形成很大的膨胀力，引起氢脆和腐蚀开裂。腐蚀开裂的形式包括氢鼓泡、硫化氢应力腐蚀开裂、氢致开裂和应力导向氢致开裂。

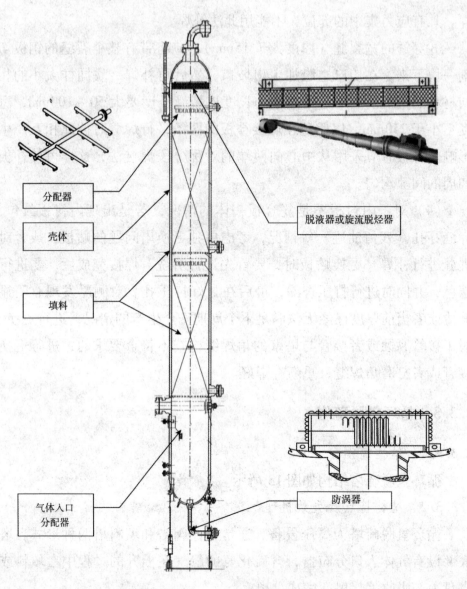

图 13　循环氢脱硫塔结构简图

2.3.3.3　隐蔽项目检查方法

循环氢脱硫塔隐蔽项目检查方法如表 10 所示。

表10 循环氢脱硫塔隐蔽项目检查方法

设备部位	检查项目	检查内容及标准
壳体	1. 宏观检查	1. 容器本体、对接焊缝、接管角焊缝等部位的裂纹、过热、变形、泄漏等，焊缝表面（包括近缝区），以肉眼或 5~10 倍放大镜检查裂纹。
	2. 测厚检查	2. 测厚壁厚大于安全壁厚，重点检查部位如下： ①上、下封头。 ②接管短节及进出口弯头、排凝管弯头。 ③根据日常操作液位波动区域上下 1000mm 区域。 ④底部封头区域。 ⑤表面宏观检验查出的缺陷已进行打磨处。 ⑥发现严重腐蚀部位及冲刷凹陷处。 ⑦错边及棱角度较严重的部位。 ⑧其他位置根据容器大小按比例抽检。
	3. 无损检测	3.1 从外表面对主焊缝进行检验，首先对主焊缝进行 100% 的磁粉探伤。 3.2 渗透检查裂纹情况，具体检查位置如下： ①支承梁、旋流脱烃器支承角铁焊缝、吊耳焊缝、管口焊缝、主焊缝、裙座环焊缝、顶部弯管密封槽及连接管道密封槽。 ②返修部位。 ③其他部位进行抽检检测。
	4. 材质检查	4. 硬度检测，检查主要受压元件材质是否劣化。主要检查部位为内外壁焊缝热影响区，其他部位进行抽检。
	5. 引压点检查	5. 引压管畅通完好，重点关注液位计管口等。
	6. 器内各支承焊接部位开裂、错位、磨损情况	6. 器内各支承部件不允开裂、错位、磨损、限位卡件固定螺母需双螺母锁紧或点焊。
	7. 压力表、仪表等辅助安全设备检查	7. 相关压力表、仪表拆检校验合格。
	8. 裙座及基础检查	8. 裙座无变形、裂纹，基础板无腐蚀；基础有无裂纹破损、下沉、歪斜，地脚螺栓有无松动。

设备部位	检查项目	检查内容及标准
脱液器	1. 松动情况检查	1. 检查大梁、压条、压板、支耳、支承板、支承环、封板、挡圈等连接螺栓无松动。重点检查筛网的整体固定情况，压板紧密压紧筛网。
	2. 连接间隙检查	2. 筛网无变形、无减薄变扁，厚度满足图纸要求，与容器壳体径向间隙无间隙，可用塞尺检查，网与网之间密封紧凑，无明显间隙；外缘与器闭密封可靠，采用环保密封材料塞满。
	3. 清洁度检查	3. 淤泥清洗干净，如有条件进行酸洗可见设备本色。
	4. 支承圈检查	4. 支承圈无裂纹、变形等情况，着色检查合格。
旋流脱烃器（与脱液器二选一）	1. 松动情况检查	1. 检查支承角钢、分隔板、旋流脱烃器与分隔板、脱烃器连接处（包括螺栓及螺纹连接）、等连接螺栓无松动。重点检查脱烃器的整体固定情况，且紧密无泄漏，连接螺纹无腐蚀现象。
	2. 腐蚀情况检查	2.1 测厚检查。
		2.2 检查分隔板厚度是否腐蚀减薄，且与上次测量数据接近且大于原始厚度80%。
		2.3 检查旋流脱烃器厚度，重点检查入口、出口、壶口半圆板及变径处，测厚厚度大于原始厚度80%。
		2.4 渗透检查，重点检查旋流器入口焊缝、出口焊缝、变径连接处、壶口焊缝无裂纹。
	3. 清洁度检查	3. 淤泥清洗干净，如有条件进行酸洗可见设备本色。
	4. 支承角铁检查	4. 支承角铁无裂纹、变形、减薄等情况，着色检查合格。
防涡器	1. 松动情况检查	1. 螺栓无松动。
	2. 连接间隙检查	2. 筛网无变形，与反应器壳体径向间隙调整均匀，网与网之间密封紧凑，使用1mm塞尺无法直接贯通。
	3. 清洁度检查	3. 表面无积灰。
填料	1. 清洁度检查	1. 通道孔不堵塞。
	2. 腐蚀情况检查	2. 无明显腐蚀。
	3. 支承圈检查	3. 支承圈无裂纹、变形等情况，着色检查合格，表面水平允许偏差小于5mm。

设备部位	检查项目	检查内容及标准
填料	4. 松动情况检查	4. 检查压条、压板、等连接螺栓无松动。重点检查填料的整体固定情况，压板紧密压紧填料，填料无晃动现象。
	5. 安装要求。	5. 填料装填按设计要求安装。
分配器	1. 清洁度检查	1. 分配器管畅通，可采用试水或压缩风试验。
	2. 腐蚀情况检查	2. 无腐蚀、无裂纹、变形等情况，焊缝着色检查合格，测厚减薄小于等于20%。
	3. 密封检查	3. 检查连接处密封情况，更换垫片及螺栓。
	4. 喷射试验	4. 根据贫液入口及塔压差提供试验水喷射，喷射面积均匀无直流现象。
密封面	1. 螺栓	1. 螺栓规格符合图纸要求，材质复验合格、超声、磁粉检测按 NB/T 47013 一级合格。
	2. 垫片	2. 垫片材质复验合格，八角垫硬度比法兰密封面硬度低 30～40HB，尺寸合格。
	3. 检验情况	3. 密封法兰着色检查合格无裂纹。
	4. 密封面清洁度检查	4. 法兰密封面光洁无机械损伤、径向刻痕、严重锈蚀等缺陷，法兰孔及法兰清锈绣并吹扫干净。
	5. 密封面与垫片接触试验检查	5. 密封面与垫片红丹涂抹转动90°后，接触线连续不断。

2.3.3.4 处理措施及更换周期

（1）检修材料质量情况跟踪：对于特殊材质的，或者材质有要求的部分，要在材料到货后，对材料进行抽检确认是否相符；关键配件的尺寸参数也需要抽检确认。

（2）受压元件的维护检修遵照 SHS 01004《压力容器维护检修规程》。

（3）裂纹处理：塔体的裂纹有很多种，处理情况也分别不一样：

①不穿透的裂纹：当深度不超过壁厚的40%时，应先将裂纹两端各钻一个小孔，防止裂纹继续扩展。然后从裂纹两侧铲出坡口。深度

以铲除裂缝为准，然后采用分段倒退法进行焊接，以减少热应力和热变形，若是复合板，则焊接材料考虑用与复合板材料相当或者更高级别，焊接完成之后，视要求，可以考虑做局部的热处理，并着色检查。

②穿透的窄裂缝（厚度小于15mm），应先将裂缝两端各钻一个直径稍大于裂缝宽度的孔，沿裂缝两侧铲出坡口。当厚度小于 12～15mm 时，可采用单面坡口；厚度大于 12～15mm 时，采用双面坡口；当裂缝长度小于 100mm 时，可一次焊完。否则可采用分段倒退法进行焊接，以减少热应力。施焊时应从裂缝的两端向中间进行，并采用多层焊。凡有应力集中的部位，不能用此法补焊。

③穿透的宽裂缝（厚度大于15mm），应将带有整个裂缝的钢板切割一块下来，在切口边缘加工出坡口，然后再补焊一块同样大小的相同材料的钢板。切下来的钢板的长度比裂缝长度要大 50～100mm，宽度不小于250mm，以避免在焊接补板的两条平行焊缝时彼此相互产生影响。补板时应采用从中心向两端的对称分段焊接法，这样可使补板四周的间隙均匀。

（4）脱液器出现变形后间隙无法调整时需进行整体更换。

（5）旋流脱烃器表面裂纹可经过焊接修补，腐蚀超标时需进行原因分析进行材质升级或更换。

（6）防涡器更换周期：出现变形后间隙无法调整时需进行整体更换。

（7）填料根据腐蚀情况进行材质升级或更换。

（8）分配器表面裂纹可经过焊接修补，腐蚀超标时需进行原因分析进行材质升级或更换，如喷射试验效果差需进行更换。

2.3.4 干气脱硫塔

2.3.4.1 结构简图

干气脱硫塔结构如图14所示。

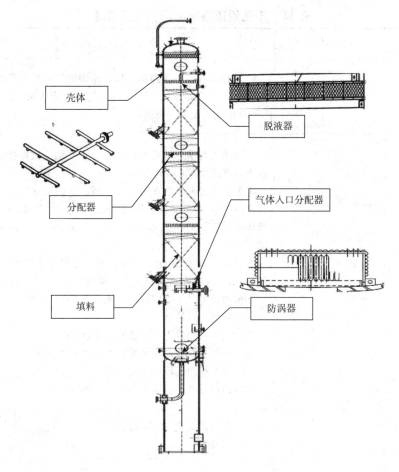

图 14　干气脱硫塔结构简图

2.3.4.2　结构特点及失效机理

干气脱硫塔为填料塔，主要损伤机理为湿 H_2S 损伤（鼓泡/HIC/SOHIC/SSC）及胺应力开裂。在胺环境中所有的未经焊后热处理的碳钢管线和设备以均可能发生胺开裂。

2.3.4.3　隐蔽项目检查方法

干气脱硫塔隐蔽项目检查方法如表 11 所示。

表11 干气脱硫塔隐蔽项目检查方法

设备部位	检查项目	检查内容及标准
壳体	1. 宏观检查	1. 容器本体、对接焊缝、接管角焊缝等部位的裂纹、过热、变形、泄漏等，焊缝表面（包括近缝区），以肉眼或 5~10 倍放大镜检查裂纹。
	2. 测厚检查	2. 测厚壁厚大于安全壁厚，且与上次测量数据接近，重点检查部位如下： ①上、下封头分别在东、南、西、北四个方位距封头与筒体环缝约 200mm 起每隔 200mm 处测定；筒体距封头与筒体或筒节间环缝约 40mm 处分东、南、西、北四个方位测定。 ②接管短节分别在东、南、西、北四个方位距筒体约 50mm 处测定，及进出口弯头、排凝管弯头、防涡板。 ③根据日常操作液位波动区域上下 1000mm 区域。 ④底部封头区域。 ⑤表面宏观检验查出的缺陷已进行打磨处。 ⑥发现严重腐蚀部位及冲刷凹陷处。 ⑦错边及棱角度较严重的部位。 ⑧其他位置根据容器大小按比例抽检。
	3. 无损检测	3.1 从外表面对主焊缝进行检验，首先对主焊缝进行 100% 的磁粉探伤。
		3.2 渗透检查裂纹情况，具体检查位置如下： ①支承梁、支承角铁焊缝、吊耳焊缝、管口焊缝、主焊缝、裙座环焊缝。 ②返修部位。 ③其他部位进行抽检检测。
	4. 材质检查	4. 硬度检测，检查主要受压元件材质是否劣化。主要检查部位为内外壁焊缝热影响区，其他部位进行抽检。
	5. 引压点检查	5. 引压管畅通完好，重点关注液位计管口等。
	6. 器内各支承焊接部位开裂、错位、磨损情况	6. 器内各支承部件不允开裂、错位、磨损、限位卡件固定螺母需双螺母锁紧或点焊。

设备部位	检查项目	检查内容及标准
壳体	7. 裙座及基础检查	7. 裙座无变形、裂纹，基础板无腐蚀；基础有无裂纹破损，下沉，歪斜，地脚螺栓有无松动。
	8. 内部清洁度检查	8. 内部清洁无杂物，管线畅通无阻。
	9. 不圆度、外圆周长、不直度检查	9. 根据现场条件及施工方案要求进行检查，详细标注可见 SHS 01007《塔类设备维护检修规程》。
	10. 防火及防腐等检查	10. 防火涂料完好，无剥落及裂化；保温无破损，外保护箍圈不松弛，停工前检测外壁温度小于50℃，对大于50℃的部位进行更换。
除沫器	1. 松动情况检查	1. 检查大梁、压条、压板、支耳、支承板、支承环、封板、挡圈等连接螺栓无松动。重点检查筛网的整体固定情况，压板紧密压紧筛网。
	2. 连接间隙检查	2. 筛网无变形、无减薄变扁，厚度满足图纸要求，与容器壳体径向间隙无间隙，可用塞尺检查，网与网之间密封紧凑，无明显间隙；外缘与器闭密封可靠，采用环保密封材料塞满。
	3. 清洁度检查	3. 淤泥清洗干净，如有条件进行酸洗可见设备本色。
	4. 支承圈检查	4. 支承圈无裂纹、变形等情况，着色检查合格。
防涡器	1. 松动情况检查	1. 螺栓无松动。
	2. 连接间隙检查	2. 筛网无变形，与反应器壳体径向间隙调整均匀，网与网之间密封紧凑，使用1mm塞尺无法直接贯通。
	3. 清洁度检查	3. 表面无积灰。
填料	1. 清洁度检查	1. 通道孔不堵塞。
	2. 腐蚀情况检查	2. 无明显腐蚀。
	3. 支承圈检查	3. 支承圈无裂纹、变形等情况，着色检查合格，表面水平允许偏差小于5mm。
	4. 松动情况检查	4. 检查压条、压板、等连接螺栓无松动。重点检查填料的整体固定情况，压板紧密压紧填料，填料无晃动现象。
	5. 安装要求	5. 填料装填按设计要求安装。

设备部位	检查项目	检查内容及标准
分配器	1. 清洁度检查	1. 分配器管畅通，可采用试水或压缩风试验。
	2. 腐蚀情况检查	2. 无腐蚀、无裂纹、变形等情况，焊缝着色检查合格，测厚减薄小于等于20%。
	3. 密封检查	3. 检查连接处密封情况，更换垫片及螺栓。
	4. 喷射试验	4. 根据入口及塔压差提供试验水喷射，喷射面积均匀无直流现象。
附件	1. 检查塔区消防线、放空线等安全设施	1. 塔区消防线、放空线等安全设施齐全畅通，照明设施齐全完好，防雷接地完好。
	2. 检查梯子、平台、栏杆	2. 梯子、平台、栏杆完整、牢固，保温、油漆完整美观。
	3. 检查安全阀和各种指示仪表	3. 安全阀和各种指示仪表应有校验记录；压力表、温度计、液位计表面应用红线标出上、下限，附属阀门灵活好用。
	4. 检查与塔相连管线阀门	4. 与塔相连管线阀门灵活好用，法兰螺栓、垫片齐全且紧固，管线焊缝（特别是转油线入塔壁的焊缝）着色检查无明显缺陷。
密封面	1. 检验情况	1. 密封面检查无裂纹，必要时进行无损检测。
	2. 密封面清洁度检查	2. 法兰密封面光洁无机械损伤、径向刻痕、严重锈蚀等缺陷，法兰孔及法兰清锈并吹扫干净。

2.3.4.4 处理措施及更换周期

（1）裂纹的处理参见主汽提塔的处理方式。

（2）分布器常见的问题就是保持水平度，疏通各个排液孔、管，保证每一个排液孔畅通，清理干净槽内的油泥，更换腐蚀严重的紧固件，具体更换周期视检查情况定，无固定的更换周期。

（3）填料压圈重点检查的是其与塔壁固定的吊耳及调节螺栓的腐蚀情况，腐蚀严重则需要更换；同时检查格栅板的减薄情况，更换周期视其刚度而定。如果有必要，可以进行适当的加密格栅处理。

（4）填料发现有如下问题时，及时进行更换：坍塌、倾倒、吹翻、无明显的金属光泽、腐蚀减薄明显、脆化等，具体的更换时间、检修周期的长短视填料的具体检查情况而定，一般两个生产周期左右。

（5）脱液器出现变形后间隙无法调整时需进行整体更换。

（6）防涡器更换周期：出现变形后间隙无法调整时需进行整体更换。

（7）分配器表面裂纹可经过焊接修补，腐蚀超标时需进行原因分析进行材质升级或更换，如喷射试验效果差需进行更换。

（8）高压密封面损坏，一般不建议研磨，严重损坏时需制定相关修复方案。

2.4 容器

2.4.1 热高压分离器

2.4.1.1 结构简图

热高压分离器结构如图 15 所示。

2.4.1.2 结构特点及失效机理

热高压分离器主要作用是把反应产物进行气液两相分离和油水分离，充分利用氢气资源循环使用，操作温度一般为 240～260℃。热高压分离器通常在气相或气体出口设置除沫器，在进料处设置防冲挡板。进料介质在重力场的作用下，利用气体和液体/固体之间的密度差异，使之发生相对运动而实现分离。

失效机理情况一般分为：①器壁及内构件的高温 $H_2S + H_2$ 腐蚀；②焊缝的应力腐蚀；③法兰、垫片等密封面的失效；④压力表、热电偶套管及各个馏出口接管等部位的悬浮物堵塞。

2.4.1.3 隐蔽项目检查方法

热高压分离器隐蔽项目检查方法如表 12 所示。

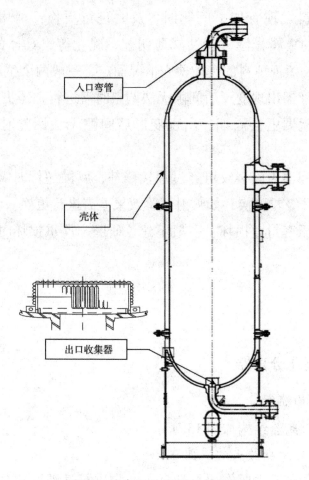

图 15 热高压分离器结构简图

表 12 热高压分离器隐蔽项目检查方法

设备部位	检查项目	检查内容及标准
壳体	1. 宏观检查	1. 容器本体、对接焊缝、接管角焊缝等部位的裂纹、过热、变形、泄漏等，焊缝表面（包括近缝区），以肉眼或 5～10 倍放大镜检查裂纹。
	2. 测厚检查	2. 测厚壁厚大于安全壁厚，且与上次测量数据接近，重点检查部位如下： ①上、下封头。 ②接管短节。 ③表面宏观检验查出的缺陷已进行打磨处。 ④发现严重腐蚀部位及冲刷凹陷处。

设备部位	检查项目	检查内容及标准
壳体	2. 测厚检查	（5）错边及棱角度较严重的部位。 （6）其他内表面堆焊层按容器大小抽检测厚。
	3. 无损检测	3.1 超声波检查，检查是否存在氢剥离裂纹现象，重点检查部位如下：顶部弯管、上封头、其他部位进行抽检检查。
		3.2 主焊缝进行不低于20%的磁粉探伤。
		3.3 渗透检查裂纹情况，具体检查位置如下：
		（1）管口焊缝、顶部弯管密封槽及连接管道密封槽。
		（2）返修部位。
		（3）铁素体含量较高部位。
		（4）其他部位进行抽检检测。
	4. 材质检查	4.1 铁素体检测，一般为3%～10%，重点检查位置如下：
		（1）封头堆焊层。
		（2）上封头和筒体过渡段堆焊层。
		（3）下封头和筒体过渡段堆焊层。
		（4）人孔密封槽底堆焊层。
		（5）其他堆焊层进行比例抽检。
		4.2 硬度检测，检查主要受压元件材质是否劣化。主要检查部位为内外壁焊缝热影响区，其他部位进行抽检。
		4.3 金相检验对超温部位，其他检测方法发现缺陷的部位，机构不合理部位，腐蚀严重部位和其他对材质有怀疑的部位进行微观组织检验。
	5. 引压点检查	5. 引压管畅通完好。
	6. 器内各支承焊接部位开裂、错位、磨损情况	6. 器内各支承部件不允开裂、错位、磨损、限位卡件固定螺母需双螺母锁紧或点焊。
出口收集器	1. 松动情况检查	1. 螺栓无松动。
	2. 连接间隙检查	2. 筛网无变形，与反应器壳体径向间隙调整均匀，网与网之间密封紧凑，使用1mm塞尺无法直接贯通。
	3. 清洁度检查	3. 表面无积灰。

设备部位	检查项目	检查内容及标准
密封面	1. 螺栓	1. 螺栓规格符合图纸要求，材质复验合格、超声、磁粉检测按 NB/T 47013 一级合格。
	2. 垫片	2. 垫片材质复验合格，八角垫硬度比法兰密封面硬度低 30~40HB，尺寸合格。
	3. 检验情况	3. 密封法兰着色检查合格无裂纹。
	4. 密封面清洁度检查	4. 法兰密封面光洁无机械损伤、径向刻痕、严重锈蚀等缺陷，法兰孔及法兰清锈并吹扫干净。
	5. 密封面与垫片接触试验检查	5. 密封面与垫片红丹涂抹转动 90°后，接触线连续不断。

2.4.1.4 处理措施及更换周期

（1）裂纹处理：①对于外表面深度小于 3mm 裂纹等缺陷打磨修复；超过 3mm 的组织专家评审修复方案，或作合于使用评价。②对于堆焊层的的裂纹等缺陷应探明深度，如果缺陷未触及母材，作监控使用。

（2）螺栓更换周期：①器内螺栓一般拆检后进行更换，如重复使用需无损检测合格；②外部螺栓根据检测结果进行更换，更换新螺栓需对角更换。

（3）出口收集器更换周期：间隙超标无法调整时需进行更换。

（4）高压密封面损坏一般不建议研磨，严重损坏时需制定相关修复方案。

（5）更换不合格压力表及辅助设备。

（6）基础问题按规定更换螺栓或进行基础等修复。

2.4.2 冷高压分离器

2.4.2.1 结构简图

冷高压分离器结构如图 16 所示。

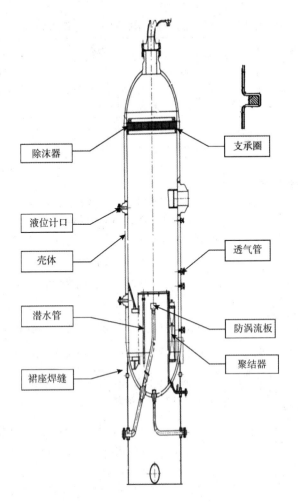

图 16 冷高压分离器结构图

2.4.2.2 结构特点及失效机理

冷高压分离器一般为立式结构，通常在气相或气体出口设置除沫器，在底部设置聚结器。

失效机理情况一般分为：（1）器壁及内构件的高温 $H_2S + H_2$ 腐蚀；（2）焊缝的应力腐蚀；（3）法兰、垫片等密封面的失效；（4）压力表、热电偶套管及各个馏出口接管等部位的悬浮物堵塞。

2.4.2.3 隐蔽项目检查方法

冷高压分离器隐蔽项目检查方法如表 13 所示。

表13 冷高压分离器隐蔽项目检查方法

设备部位	检查项目	检查内容及标准
壳体	1. 宏观检查	1. 容器本体、对接焊缝、接管角焊缝等部位的裂纹、过热、变形、泄漏等，焊缝表面（包括近缝区），以肉眼或5~10倍放大镜检查裂纹。
	2. 测厚检查	2. 测厚壁厚大于安全壁厚，且与上次测量数据接近，重点检查部位如下： ①上、下封头。 ②接管短节。 ③表面宏观检验查出的缺陷已进行打磨处。 ④发现严重腐蚀部位及冲刷凹陷处。 ⑤错边及棱角度较严重的部位。
	3. 无损检测	3.1 主焊缝进行不低于20%的磁粉探伤。
		3.2 对管口焊缝、顶部弯管等部位焊缝进行渗透检查。
	4. 材质检查	4. 硬度检测，检查主要受压元件材质是否劣化。主要检查部位为内外壁焊缝热影响区，其他部位进行抽检。
	5. 引压点检查	5. 引压管畅通完好，重点关注液位计管口等。
	6. 器内各支承焊接部位开裂、错位、磨损情况	6. 器内各支承部件不允开裂、错位、磨损、限位卡件固定螺母需双螺母锁紧或点焊。
除沫器	1. 松动情况检查	1. 重点检查筛网的整体固定情况，压板紧密压紧筛网。
	2. 连接间隙检查	2. 筛网无变形、无减薄变扁，厚度满足图纸要求，与容器壳体径向间隙无间隙，可用塞尺检查，网与网之间密封紧凑，无明显间隙；外缘与器闭密封可靠，采用环保密封材料塞满。
	3. 清洁度检查	3. 淤泥清洗干净。
	4. 支承圈检查	4. 支承圈无裂纹、变形等情况，着色检查合格。
聚结器	1. 松动情况检查	1. 检查压条、压板、支耳、支承板、支承环、封板、挡圈等连接螺栓无松动。重点检查筛网的整体固定情况，压板紧密压紧筛网。
	2. 检查筛网密封性	2. 筛网无变形、无减薄变扁，厚度满足图纸要求，与容器壳体径向间隙无间隙，可用塞尺检查，网与网之间密封紧凑，无明显间隙；外缘与器闭密封可靠，采用环保密封材料塞满。
	3. 密封性检查	3. 重点检查顶部定位板及连接法兰密封。

设备部位	检查项目	检查内容及标准
聚结器	4. 潜水管检查	4. 潜水管测厚无减薄（≥80%），连接法兰垫片及密封面合格并紧固。
	5. 透气管检查	5. 透气管畅通无堵塞。
	6. 清洁度检查	6. 淤泥清洗干净。
出口管	1. 焊缝检查	1. 焊缝完整无开裂。渗透检查重点检查与壳体连接焊缝及弯头焊缝。
	2. 防涡流挡板检查	2. 防涡流挡板无减薄及变形，弯头测厚检查无减薄（≥80%）。
	3. 密封检查	3. 更换底部联通管法兰垫片及螺栓。
密封面	1. 螺栓	1. 螺栓规格符合图纸要求，材质复验合格、超声、磁粉检测按 NB/T 47013 一级合格。
	2. 垫片	2. 垫片材质复验合格，八角垫硬度比法兰密封面硬度低 30～40HB，尺寸合格。
	3. 检验情况	3. 密封法兰着色检查合格无裂纹。
	4. 密封面清洁度检查	4. 法兰密封面光洁无机械损伤、径向刻痕、严重锈蚀等缺陷，法兰孔及法兰清锈并吹扫干净。
	5. 密封面与垫片接触试验检查	5. 密封面与垫片红丹涂抹转动90°后，接触线连续不断。

2.4.2.4 处理措施及更换周期

（1）裂纹处理：对于外表面深度小于3mm裂纹缺陷打磨修复；超过3mm的组织专家评审修复方案，或作合于使用评价。

（2）螺栓更换周期：①器内螺栓一般拆检后进行更换，如重复使用需无损检测合格；②外部螺栓根据检测结果进行更换，更换新螺栓需对角更换。

（3）除沫网出现变形，间隙无法调整时需进行整体更换。

（4）聚结器更换周期：出现变形后间隙无法调整时需进行整体更换。

（5）非与壳体焊接的内部管道出现腐蚀或变形，可选取相同材质的管道，按照高度等要求进行更换。

（6）高压密封面损坏，一般不建议研磨，严重损坏时需制定相关修复方案。

（7）辅助设备不合格需进行更换。

（8）基础问题按规定更换螺栓或进行基础等修复。

（9）按相关防火及防腐规定修复。

2.4.3 聚结器

2.4.3.1 结构简图

聚结器结构如图 17 所示。

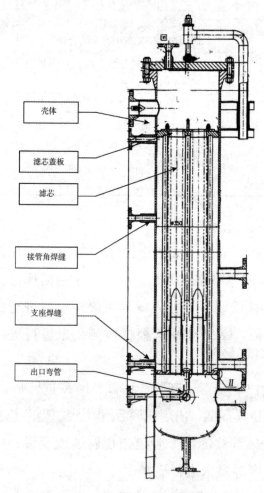

壳体

滤芯盖板

滤芯

接管角焊缝

支座焊缝

出口弯管

图 17 聚结器结构简图

2.4.3.2 隐蔽项目检查方法

聚结器隐蔽项目检查方法如表 14 所示。

表 14 聚结器隐蔽项目检查方法

设备部位	检查项目	检查内容及标准
壳体	1. 宏观检查	1. 容器本体、对接焊缝、接管角焊缝等部位的裂纹、过热、变形、泄漏等，焊缝表面（包括近缝区），以肉眼或 5～10 倍放大镜检查裂纹。
	2. 测厚检查	2. 测厚壁厚大于安全壁厚，且与上次测量数据接近，重点检查部位如下： ①上、下封头（包括距离环焊缝约 40mm 处的筒体）。 ②接管短节。 ③表面宏观检验查出的缺陷已进行打磨处。 ④发现严重腐蚀部位及冲刷凹陷处。 ⑤错边及棱角度较严重的部位。
	3. 无损检测	3.1 从外表面对主焊缝进行检验，首先对主焊缝进行 100% 的磁粉探伤。
		3.2 渗透检查裂纹情况，具体检查位置如下： ①管口焊缝、主焊缝、支座焊缝。 ②返修部位。 ③其他部位进行抽检检测。
	4. 材质检查	4. 硬度检测，检查主要受压元件材质是否劣化。主要检查部位为内外壁焊缝热影响区，其他部位进行抽检。
	5. 引压点检查	5. 引压管畅通完好，重点关注液位计管口等。
	6. 器内各支承焊接部位开裂、错位、磨损情况	6. 器内各支承部件不允开裂、错位、磨损、限位卡件固定螺母需双螺母锁紧或点焊。
	7. 防火、防腐等检查	7. 防火涂料完好，无剥落及裂化。
滤芯	1. 松动情况检查	1. 检查压板等连接螺栓无松动。
	2. 连接间隙检查	2. 滤芯密封良好，密封圈更换后可进行灌水试压。
	3. 支承圈检查	3. 支承圈无裂纹、变形等情况，着色检查合格。
出口管	1. 焊缝检查	1. 焊缝完整无开裂。渗透检查重点检查与壳体连接焊缝及弯头焊缝。
	2. 弯头测厚检查	2. 出口弯头测厚≥80% 原始壁厚。

设备部位	检查项目	检查内容及标准
密封面	1. 检验情况	1. 密封面检查无裂纹，必要时进行无损检测。
	2. 密封面清洁度检查	2. 法兰密封面光洁无机械损伤、径向刻痕、严重锈蚀等缺陷，法兰孔及法兰清锈并吹扫干净。

2.4.3.3 处理措施及更换周期

（1）裂纹处理：对于外表面深度小于3mm裂纹等缺陷打磨修复；超过3mm的组织专家评审修复方案，或作合于使用评价。

（2）螺栓更换周期：①器内螺栓一般拆检后进行更换，如重复使用需无损检测合格；②外部螺栓根据检测结果进行更换，更换新螺栓需对角更换。

（3）滤芯、密封垫或密封圈一般进行更换。

（4）滤芯盖板变形可进行捶打修复，修复后能整体压紧滤芯。

（5）非与壳体焊接的内部管道出现腐蚀或变形，可选取相同材质的管道按照高度等要求进行更换。

（6）密封面损坏，一般可进行研磨修复，严重损坏时需制定相关修复方案。

（7）辅助设备不合格需进行更换。

（8）基础问题按规定更换螺栓或进行基础等修复。

（9）防火防腐问题按相关防火及防腐规定修复。

2.4.4 过滤器

2.4.4.1 结构简图

过滤器结构如图18所示。

2.4.4.2 结构特点及失效机理

当介质流经滤芯时，流体中夹带的颗粒会聚集在过滤器滤芯的表面，随着滤饼层厚度的不断增大，流体越来越难通过滤芯，流体通过

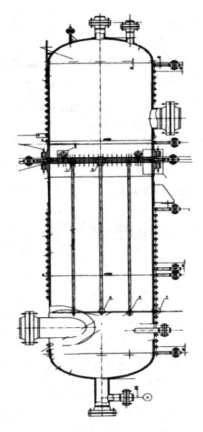

图 18　过滤器结构简图

滤芯的压降越来越大，当压降达到一个预先设定的值时，过滤系统启动反吹，以便除去滤饼表面的颗粒层。

过滤器的失效主要是源于滤芯的失效，如表 15 所示，即滤芯被颗粒物堵塞从而导致流通能力不能满足要求。

表 15　过滤器滤芯失效

失效形式	失效原因
滤芯堵塞	随时间推移，部分颗粒吸附在滤芯表面或内部，吹扫压力无法完全去除。
	滤后接着存在固体颗粒，被反吹气带入滤芯内部。

失效形式	失效原因
滤芯断裂	滤芯本体断裂。压差过大或滤芯制造缺陷，特别是清洗再生后的滤芯易出现此现象。
	管头断裂。主要是管头和滤芯本体之间的焊缝断裂，此种情况安保滤芯一般无法起到保护作用。

2.4.4.3 隐蔽项目检查方法

过滤器隐蔽项目检查方法如表16所示。

表16 过滤器隐蔽项目检查方法

设备部位	检查项目	检查内容及标准
滤芯组件	1. 螺栓	1. 检查螺栓端面标记，规格、材质应符合图纸要求、必要时可进行光谱、磁粉、渗透等无损检测。
	2. 垫片	2.1 检查垫片标记，规格材质符合图纸要求。
		2.2 检查垫片外观，石墨层完好无破损。
	3. 滤芯	3.1 检查滤芯外观。滤芯表面不能有裂纹，碰撞刮痕等缺陷。金属丝网等普通滤芯，外观检查不能有明显破损。
		3.2 螺纹接头固定的滤芯，安装时滤芯与管板密封面之间需有垫片或密封圈。
		3.3 烧结网滤芯建议拆检进行烧结再生；约翰逊网进行高压水枪清洗，清洗后检查是否有腐蚀或断裂进行更换；超过10年运行周期的滤芯建议整体更换。
	4. 管板	4.1 检查管板上下两侧密封面。表面应无机械损伤、径向划痕、严重锈蚀、焊疤、物料残迹等缺陷。
		4.2 对于自动反吹过滤器，反吹管的喷嘴正对滤芯中心附近，同轴度偏差不大于5mm，偏移较多时，如喷嘴已直对滤芯边缘，需重新矫正。反吹管嘴与管板之间的距离要符合图纸要求，一般在20mm至100mm之间。
壳体	5. 宏观检查	5.1 检查壳体裂纹、过热、变形、泄漏。可结合容器检验项目，从外部选取数个部位，拆卸保温后观察是否有变形、裂纹等，或用小锤轻轻敲击本体木材、焊缝和焊缝热影响区，听声音是否有异常。

设备部位	检查项目	检查内容及标准
壳体	5. 宏观检查	5.2 检查法兰密封面。应光洁无机械损伤、径向刻痕、严重锈蚀等缺陷，对于局部划痕、凹坑等缺陷可研磨处理，或可采用金属修补剂修复。
	6. 壁厚测量	6. 结合容器检验项目，按圆周和轴向均匀分布，从外部选取数个部位，测量壁厚。
	7. 无损检测	7.1 超声波检测（UT）。选取如下几道焊缝：法兰与筒体焊缝，封头与筒体焊缝，放空阀或导淋阀接管角焊缝进行超声波检测，按照 JB/T 4730.3 评定，未见可记录缺陷回波显示的，评为Ⅰ级。
		7.2 磁粉检测（MT）。检测焊缝可参照 UT。按照 JB/T 4730.4 评定，未见不允许缺陷磁痕显示评为Ⅰ级。
		7.3 渗透检测（PT）。检测焊缝可参照 UT。按照 JB/T 4730.5 评定，未发现不允许存在的缺陷痕迹，评为Ⅰ级。
密封面	8. 螺栓	8.1 利旧螺栓应逐个清洗干净，必要时可做无损检测。
		8.2 高温部位的螺纹咬合部位应涂抹抗咬合剂。
		8.3 螺栓紧固方法按照 SHS 01008 执行。
	9. 大法兰密封面	9.1 检查法兰密封面。表面应无机械损伤、径向划痕、严重锈蚀、焊疤、物料残迹等缺陷。
		9.2 螺栓紧固完毕，沿密封面圆周取四点，每点相隔90°，测量两法兰面间隙，最大。

2.4.4.4 处理措施及更换周期

（1）螺栓更换周期：螺栓一般拆检后进行更换，如重复使用需无损检测合格。

（2）烧结网滤芯建议拆检进行烧结再生，约翰逊网进行高压水枪清洗，清洗后检查是否有腐蚀或断裂视情况进行更换；超过 10 年运行周期的滤芯建议整体更换。

（3）其余部位参照普通容器进行处理。

2.4.5 分液罐

2.4.5.1 结构简图

分液罐结构如图 19 所示。

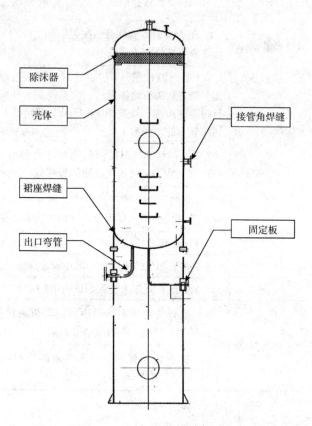

除沫器

壳体

接管角焊缝

裙座焊缝

出口弯管

固定板

图 19 分液罐结构图

2.4.5.2 结构特点及失效机理

分液罐气液分离空间大，有利于中间混合层的连续分离，占地小，高位架设方便。

失效机理一般为湿硫化氢的腐蚀：①一般腐蚀。②氢鼓泡（HB）。③氢诱发裂纹（HIC）。如果钢材缺陷位于钢材内部很深处，当钢材内部发生氢聚集区域，氢压力提高后，会引起金属内部分层或裂纹。④

应力导向氢诱发裂纹（SOHIC）。应力导向氢诱发裂纹是在应力引导下，使在夹杂物与缺陷处因氢聚集而形成的成排的小裂纹沿着垂直于应力的方向发展。⑤硫化物应力开裂（SSC）。硫化氢产生的氢原子渗透到钢的内部，溶解于晶格中导致脆性。在外加拉应力或残余应力作用下形成开裂。

2.4.5.3 隐蔽项目检查方法

分液罐隐蔽项目检查方法如表 17 所示。

表 17　分液罐隐蔽项目检查方法

设备部位	检查项目	检查内容及标准
壳体	1. 宏观检查	1. 容器本体、对接焊缝、接管角焊缝等部位的裂纹、过热、变形、泄漏等，焊缝表面（包括近缝区），以肉眼或 5～10 倍放大镜检查裂纹。
	2. 测厚检查	2. 测厚壁厚大于安全壁厚，且与上次测量数据接近，重点检查部位如下： ①上、下封头分别在东、南、西、北四个方位距封头与筒体环缝约 200mm 起每隔 200mm 处测定；筒体距封头与筒体或筒节间环缝约 40mm 处分东、南、西、北四个方位测定。 ②接管短节分别在东、南、西、北四个方位距筒体约 50mm 处测定，及接管弯头。 ③日常操作液位波动区域。 ④表面宏观检验查出的缺陷已进行打磨处。 ⑤发现严重腐蚀部位及冲刷凹陷处。 ⑥错边及棱角度较严重的部位。
	3. 无损检测	3.1 从外表面对主焊缝进行检验，首先对主焊缝进行 100% 的磁粉探伤。 3.2 渗透检查裂纹情况，具体检查位置如下： ①管口焊缝、主焊缝、裙座环焊缝、支座焊缝。 ②返修部位。 ③其他部位进行抽检检测。
	4. 材质检查	4. 硬度检测，检查主要受压元件材质是否劣化。主要检查部位为内外壁焊缝热影响区，其他部位进行抽检。
	5. 引压点检查	5. 引压管畅通完好，重点关注液位计管口等。

设备部位	检查项目	检查内容及标准
壳体	6. 器内各支承焊接部位开裂、错位、磨损情况	6. 器内各支承部件不允开裂、错位、磨损、限位卡件固定螺母需双螺母锁紧或点焊。
	7. 压力表、仪表等辅助安全设备检查	7. 相关压力表、仪表拆检校验合格。
	8. 裙座及基础检查	8. 裙座无变形、裂纹,基础板无腐蚀;基础有无裂纹破损,下沉,歪斜,地脚螺栓有无松动。
	9. 防火及防腐等检查	9. 防火涂料完好,无剥落及裂化。
除沫器	1. 松动情况检查	1. 检查大梁、压条、压板、支耳、支承板、支承环、封板、挡圈等连接螺栓无松动。重点检查筛网的整体固定情况,压板紧密压紧筛网。
	2. 连接间隙检查	2. 筛网无变形、无减薄变扁,厚度满足图纸要求,与容器壳体径向间隙无间隙,可用塞尺检查,网与网之间密封紧凑,无明显间隙;外缘与器闭密封可靠,采用环保密封材料塞满。
	3. 清洁度检查	3. 淤泥清洗干净,如有条件进行酸洗可见设备本色。
	4. 支承圈检查	4. 支承圈无裂纹、变形等情况,着色检查合格。
出口管	1. 焊缝检查	1. 焊缝完整无开裂。渗透检查重点检查与壳体连接焊缝及弯头焊缝。
	2. 固定板检查	2. 固定板与裙座连接无松动。
	3. 弯头测厚检查	3. 出口弯头测厚≥80%原始壁厚。
密封面	1. 检验情况	1. 密封面检查无裂纹,必要时进行无损检测。
	2. 密封面清洁度检查	2. 法兰密封面光洁无机械损伤、径向刻痕、严重锈蚀等缺陷,法兰孔及法兰清锈并吹扫干净。
	3. 安装要求	3. 按照机动部《压力边界螺栓法兰连接安装指南》要求进行紧固安装。

2.4.5.4 处理措施及更换周期

(1) 裂纹处理:对于外表面深度小于 3mm 裂纹等缺陷打磨修复;超过 3mm 的组织专家评审修复方案,或作合于使用评价。

（2）螺栓更换周期：①器内螺栓一般拆检后进行更换，如重复使用需无损检测合格；②外部螺栓根据检测结果进行更换，更换新螺栓需对角更换。

（3）除沫网出现变形，间隙无法调整时需进行整体更换。

（4）防涡流板出现松动可进行焊缝修复或更换。

（5）密封面损坏，一般可进行研磨修复，严重损坏时需制定相关修复方案。

（6）辅助设备不合格需进行更换。

（7）基础问题按规定更换螺栓或进行基础等修复。

2.4.6　回流罐

2.4.6.1　结构简图

回流罐结构如图 20 所示。

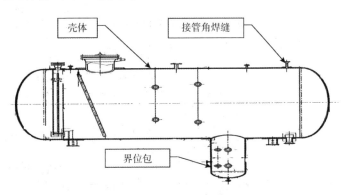

图 20　回流罐结构简图

2.4.6.2　结构特点及失效机理

回流罐一般为卧式容器，液体运动方向与重力作用方向垂直，有利于沉降分离，液面稳定性好。

失效机理一般为湿硫化氢的腐蚀。①一般腐蚀；②氢鼓泡（HB）；③氢诱发裂纹（HIC）。如果钢材缺陷位于钢材内部很深处，当钢材内部发生氢聚集区域，氢压力提高后，会引起金属内部分层或裂纹。④应力导向氢诱发裂纹（SOHIC）。应力导向氢诱发裂纹是在应力引导下，使在夹杂物与缺陷处因氢聚集而形成的成排的小裂纹沿着垂直于应力的方向发展。⑤硫化物应力开裂（SSC）。硫化氢产生的氢原子渗透到钢的内部，溶解于晶格中导致脆性。在外加拉应力或残余应力作用下形成开裂。

2.4.6.3　隐蔽项目检查方法

回流罐隐蔽项目检查方法如表18所示。

表18　回流罐隐蔽项目检查方法

设备部位	检查项目	检查内容及标准
壳体	1. 宏观检查	1. 容器本体、对接焊缝、接管角焊缝等部位的裂纹、过热、变形、泄漏等，焊缝表面（包括近缝区），以肉眼或5～10倍放大镜检查裂纹。
	2. 测厚检查	2. 测厚壁厚大于安全壁厚，且与上次测量数据接近，重点检查部位如下： ①左右封头分别在东、南、西、北四个方位距封头与筒体环缝约200mm起每隔200mm处测定；筒体距封头与筒体或筒节间环缝约40mm处分东、南、西、北四个方位测定。 ②接管短节分别在东、南、西、北四个方位距筒体约50mm处测定，及接管弯头。 ③日常操作液位波动区域（包括界位及液位）。 ④表面宏观检验查出的缺陷已进行打磨处理。 ⑤发现严重腐蚀部位及冲刷凹陷处。 ⑥错边及棱角度较严重的部位。
	3. 无损检测	3.1 超声波检查，检查是否存在内衬层剥离裂纹现象，重点检查部位如下：液位及界位上部位（无内衬一般不需要检查）。 3.2 从外表面对主焊缝进行检验，首先对主焊缝进行100%的磁粉探伤。

设备部位	检查项目	检查内容及标准
壳体	3. 无损检测	3.3 渗透检查裂纹情况，具体检查位置如下： ①管口焊缝、主焊缝、支座焊缝、界位包与壳体连接焊缝。 ②返修部位。 ③其他部位进行抽检检测。
	4. 材质检查	4. 硬度检测，检查主要受压元件材质是否劣化。主要检查部位为内外壁焊缝热影响区，其他部位进行抽检。
	5. 引压点检查	5. 引压管畅通完好，重点关注液位计管口等。
	6. 器内各支承焊接部位开裂、错位、磨损情况	6. 器内各支承部件不允开裂、错位、磨损、限位卡件固定螺母需双螺母锁紧或点焊。
	7. 压力表、仪表等辅助安全设备检查	7. 相关压力表、仪表拆检校验合格。
	8. 裙座及基础检查	8. 裙座无变形、裂纹，基础板无腐蚀；基础有无裂纹破损．下沉，歪斜．地脚螺栓有无松动。
	9. 防火及防腐等检查	9. 防火涂料完好，无剥落及裂化。
密封面	1. 检验情况	1. 密封面检查无裂纹，必要时进行无损检测。
	2. 密封面清洁度检查	2. 法兰密封面光洁无机械损伤、径向刻痕、严重锈蚀等缺陷，法兰孔及法兰清锈绣并吹扫干净。
	3. 安装要求	3. 按照机动部《压力边界螺栓法兰连接安装指南》要求进行紧固安装。

2.4.6.4　处理措施及更换周期

（1）裂纹处理：对于外表面深度小于 3mm 裂纹等缺陷打磨修复。超过 3mm 的组织专家评审修复方案，或作合于使用评价。

（2）螺栓更换周期：①器内螺栓一般拆检后进行更换，如重复使用需无损检测合格；②外部螺栓根据检测结果进行更换，更换新螺栓需对角更换。

（3）密封面损坏，一般可进行研磨修复，严重损坏时需制定相关修复方案。

（4）辅助设备不合格需进行更换。

（5）基础问题按规定更换螺栓或进行基础等修复。

（6）防火防腐问题按相关防火及防腐规定修复。

2.4.7 普通容器

2.4.7.1 失效机理

普通容器的失效机理一般为湿硫化氢的腐蚀。

（1）一般腐蚀。

（2）氢鼓泡（HB）。

（3）氢诱发裂纹（HIC）。如果钢材缺陷位于钢材内部很深处，当钢材内部发生氢聚集区域，氢压力提高后，会引起金属内部分层或裂纹。

（4）应力导向氢诱发裂纹（SOHIC）。应力导向氢诱发裂纹是在应力引导下，使在夹杂物与缺陷处因氢聚集而形成的成排的小裂纹沿着垂直于应力的方向发展。

（5）硫化物应力开裂（SSC）。硫化氢产生的氢原子渗透到钢的内部，溶解于晶格中导致脆性。在外加拉应力或残余应力作用下形成开裂。

2.4.7.2 隐蔽项目检查方法

普通容器隐蔽项目检查方法如表 19 所示。

表 19　普通容器隐蔽项目检查方法

设备部位	检查项目	检查内容及标准
壳体	1. 宏观检查	1. 容器本体、对接焊缝、接管角焊缝等部位的裂纹、过热、变形、泄漏等，焊缝表面（包括近缝区），以肉眼或 5～10 倍放大镜检查裂纹。

设备部位	检查项目	检查内容及标准
壳体	2. 测厚检查	2. 测厚壁厚大于安全壁厚，且与上次测量数据接近，重点检查部位如下： ①上、下封头分别在东、南、西、北四个方位距封头与筒体环缝约200mm起每隔200mm处测定；筒体距封头与筒体或筒节间环缝约40mm处分东、南、西、北四个方位测定。 ②接管短节分别在东、南、西、北四个方位距筒体约50mm处测定，及接管弯头。 ③日常操作液位波动区域。 ④表面宏观检验查出的缺陷已进行打磨处。 ⑤发现严重腐蚀部位及冲刷凹陷处。 ⑥错边及棱角度较严重的部位。
	3. 无损检测	3.1 从外表面对主焊缝进行检验，首先对主焊缝进行100%的磁粉探伤。 3.2 渗透检查裂纹情况，具体检查位置如下： ①吊耳焊缝、管口焊缝、主焊缝、裙座环焊缝、支座焊缝。 ②返修部位 ③其他部位进行抽检检测。
	4. 材质检查	4. 硬度检测，检查主要受压元件材质是否劣化。主要检查部位为内外壁焊缝热影响区，其他部位进行抽检。
	5. 引压点检查	5. 引压管畅通完好，重点关注液位计管口等。
	6. 器内各支承焊接部位开裂、错位、磨损情况	6. 器内各支承部件不允开裂、错位、磨损、限位卡件固定螺母需双螺母锁紧或点焊。
	7. 压力表、仪表等辅助安全设备检查	7. 相关压力表、仪表拆检校验合格。
	8. 裙座及基础检查	8. 裙座无变形、裂纹，基础板无腐蚀；基础有无裂纹破损、下沉、歪斜，地脚螺栓有无松动。
	9. 防火及防腐等检查	9. 防火涂料完好，无剥落及裂化；保温无破损，外保护箍圈不松弛，停工前检测外壁温度小于50℃，对大于50℃的部位进行更换。

设备部位	检查项目	检查内容及标准
除沫器 （部分有）	1. 松动情况检查	1. 检查大梁、压条、压板、支耳、支承板、支承环、封板、挡圈等连接螺栓无松动。重点检查筛网的整体固定情况，压板紧密压紧筛网。
	2. 连接间隙检查	2. 筛网无变形、无减薄变扁，厚度满足图纸要求，与容器壳体径向间隙无间隙，可用塞尺检查，网与网之间密封紧凑，无明显间隙；外缘与器闭密封可靠，采用环保密封材料塞满。
	3. 清洁度检查	3. 淤泥清洗干净，如有条件进行酸洗可见设备本色。
	4. 支承圈检查	4. 支承圈无裂纹、变形等情况，着色检查合格。
出口 收集器 （部分有）	1. 松动情况检查	1. 螺栓无松动。
	2. 连接间隙检查	2. 筛网无变形，与壳体径向间隙调整均匀，网与网之间密封紧凑，使用 1mm 塞尺无法直接贯通。
	3. 清洁度检查	3. 表面无积灰。
出口管	1. 焊缝检查	1. 焊缝完整无开裂。渗透检查重点检查与壳体连接焊缝及弯头焊缝。
	2. 防涡流挡板（部分有）检查	2. 防涡流挡板无减薄及变形，弯头测厚检查无减薄（≥80%）。
	3. 弯头测厚检查	3. 出口弯头测厚≥80% 原始壁厚。
密封面	1. 检验情况	1. 密封面检查无裂纹，必要时进行无损检测。
	2. 密封面清洁度检查	2. 法兰密封面光洁无机械损伤、径向刻痕、严重锈蚀等缺陷，法兰孔及法兰清锈绣并吹扫干净。
	3. 安装要求	3. 高温螺栓需涂抹高温抗咬合剂，并按照机动部《压力边界螺栓法兰连接安装指南》要求进行紧固安装。

2.4.7.3 处理措施及更换周期

（1）裂纹处理：对于外表面深度小于 3mm 裂纹等缺陷打磨修复；超过 3mm 的组织专家评审修复方案，或作合于使用评价。

（2）螺栓更换周期：①器内螺栓一般拆检后进行更换，如重复使用需无损检测合格；②外部螺栓根据检测结果进行更换，更换新螺栓需对角更换。

（3）除沫网出现变形，间隙无法调整时需进行整体更换。

（4）出口收集器更换周期：出现变形后间隙无法调整时需进行整体更换。

（5）防涡流板出现腐蚀超标或焊缝开裂需进行修复或更换。

（6）非与壳体焊接的内部管道出现腐蚀或变形，可选取相同材质的管道按照高度等要求进行更换。

（7）密封面损坏，一般可进行研磨修复，严重损坏时需制定相关修复方案。

（8）辅助设备不合格需进行更换。

（9）基础问题按规定更换螺栓或进行基础等修复。

（10）防火防腐问题按相关防火及防腐规定修复。

2.5 加热炉

2.5.1 结构简图

加热炉结构如图 21 所示。

2.5.2 结构特点及失效机理

一般为管式加热炉。

按外型分：箱式炉、立式炉、圆筒炉、大型方炉。简单地说有方炉和圆炉。

管式加热炉一般由辐射室、对流室、余热回收系统、燃烧及通风系统五部分组成。通常包括钢结构、炉管、炉墙、燃烧器、孔类配件等。

加热炉易腐蚀部位主要为炉管内壁，腐蚀机理为高温硫均匀腐蚀减薄；炉管外壁的高温硫化、氧化、燃灰腐蚀；炉体、空气预热器的高温烟气露点腐蚀等。

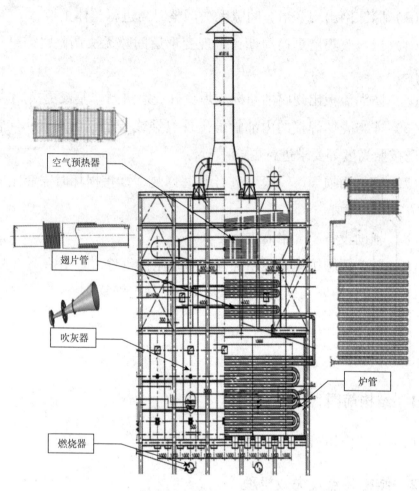

空气预热器

翅片管

吹灰器

炉管

燃烧器

图 21　加热炉结构简图

2.5.3　隐蔽项目检查方法

加热炉隐蔽项目检查方法如表 20 所示。

表 20　加热炉隐蔽项目检查方法

设备部位	检查项目	检查内容及标准
外部	1. 检查塔区消防线、放空线等安全设施	1. 塔区消防线、放空线等安全设施齐全畅通，照明设施齐全完好，防雷接地完好。

设备部位	检查项目	检查内容及标准
外部	2. 检查梯子、平台、栏杆	2. 梯子、平台、栏杆完整、牢固，保温、油漆完整美观。
	3. 检查各种指示仪表	3. 各种指示仪表应有校验记录；压力表、温度计表面应用红线标出上、下限，附属阀门灵活好用。
	4. 检查与塔相连管线阀门	4. 与塔相连管线阀门灵活好用，法兰螺栓、垫片齐全且紧固，管线焊缝（特别是转油线入塔壁的焊缝）着色检查无明显缺陷。
	5. 防火及防腐等检查	5. 防火涂料完好，无剥落及裂化；保温无破损，外保护箍圈不松弛，停工前检测外壁温度小于50℃，对大于50℃的部位进行更换。
炉管	1. 外观检查	1. 炉管外观检查无弯曲变形、鼓包、氧化爆皮、裂纹、腐蚀、冲蚀等。
	2. 炉管检测	2.1 测厚：厚度低于80%原始壁厚或有明显减薄趋势需进行更换，重点检查部位如下： ①弯头100%测厚检查。 ②进出口管。 ③其他直管段抽检10%。
		2.2 蠕变检查：每路炉管蠕胀抽查1～2处，重点检查炉底辐射管，外径增大超过5%需进行更换。
		2.3 硬度检查，重点检查及抽检部位如下： ①炉管迎火面最高温度部位必须检查1处，有过烧部位要另外检查。 ②铬钼钢炉管第一周期检修焊缝硬度检查100%检查。 ③每路炉管硬度抽查1～2处（重点检查底部焊缝及热影响区、母材等）。
		2.4 覆膜金相：结合炉管外观、蠕变、硬度检查结果，重点检查： ①每路炉管迎火面最高温度部位必须检查1处，每处3点（焊缝、热影响区、母材）。 ②蠕变、硬度检查异常及有过烧部位要另外检查。

设备部位	检查项目	检查内容及标准
炉管	2. 炉管检测	2.5 磁粉、着色表面检查： ①炉管支吊架、导向管焊缝、热电偶贴焊部位处需100%磁粉、着色表面检查合格无裂纹。 ②炉管焊缝10%磁粉、着色表面检查。
		2.6 超声波探伤：第一个大修周期的炉管、铬钼钢炉管、碳钢炉管抽查20%；第二个大修周期及以上的炉管按5%抽查，上周期有问题的按15%抽查。
		2.7 射线探伤：不锈钢炉管焊缝抽查5%且不少于2道；铬钼钢、碳钢炉管焊缝抽查2%且不少于2道。
	3. 炉管内外表面检查	3.1 清焦后，炉管内壁用光照或内窥镜检查，应无残焦，呈金属本色，无可见的损伤及裂纹、坑疤。
		3.2 清除灰垢后，外观检查炉管表面，应基本无积灰、结垢现象。
	4. 管板检查	4. 管板无变形、断裂，管板与炉管连接密封良好。
	5. 吊挂检查	5. 吊挂无变形、断裂，吊管与炉连接无卡涩，吊挂与炉管管箍紧固无松动。
	6. 导向管检查	6. 导向管无变形、断裂、松动无卡涩。
	7. 翅片管	7. 翅片管检查无结焦或硫磺，出现硫磺需进行化学清洗，管口与管箱连接密封良好。
衬里	1. 停工前炉外壁测温数据作为衬里检修的依据	1. 炉外壁温度不大于80℃为正常，大于80℃需进行修复。
	2. 检查耐火砖、衬里、陶纤	2. 辐射室、对流室、烟囱、空气预热器的耐火砖、衬里、陶纤各变径、拐角、衬里接口等处无衬里开裂、松动、鼓包和脱落情况。
	3. 检查衬里挡板	3. 辐射室、对流室、烟囱、空气预热器的衬里挡板无变形、开裂、腐蚀、脱落情况。
	4. 检查耐火砖、衬里、陶纤损坏部位锚固钉、端板、钢丝网	4. 辐射室、对流室、烟囱、空气预热器的耐火砖、衬里、陶纤损坏部位锚固钉、端板、钢丝网无氧化、变形、腐蚀和开裂情况。

设备部位	检查项目	检查内容及标准
空气预热器	1. 检查空气预热器换热管	1. 换热管无腐蚀穿孔；可采用吹气球方法（用气球封住一端，另一端充气），冲压后看气球泄气情况，发现泄漏进行堵管。
	2. 检查清洁度	2. 换热管表面无积灰。
	3. 检查密封情况	3. 换热管与管板密封面完好。
	4. 检查烟道、风道	4. 烟道、风道无腐蚀，衬里完好。
燃烧器	1. 检查燃烧器气枪状况	1. 气枪无结焦和烧损。
	2. 检查筒体	2. 筒体无变形。
	3. 检查调风门	3. 一、二次风门等调节机构应牢固可靠，开闭灵活。强制通风风道应严密无泄漏。
	4. 检查火盆砖和衬里	4. 火盆砖无破损，衬里无开裂，鼓包和脱落。
	5. 检查金属软管	5. 金属软管无穿孔。
吹灰器	1. 检查吹灰器各部件	1. 支架必须焊接牢固，传动系统应运行正常，吹灰器转动灵活，伸缩长度符合设计要求。
	2. 检查各端子与电线、电缆连接	2. 调试程控器应工作正常，满足定时吹灰的需要。控制电缆和各个接点、电气元件应无受潮、锈蚀、接触不良、短路等异常情况。
	3. 检查各种插头	3. 各种插头接驳完好。
	4. 检查各种电线、电缆的外层绝缘胶皮	4. 各种电线、电缆的外层绝缘胶皮完好，无焦糊、破损等现象。
	5. 检查各电气元件	5. 各电气元件无焦糊、直观破损等现象。
烟道挡板	1. 检查烟道挡板	1. 烟道挡板无腐蚀、变形、卡死等情况。评估停工前的漏风情况，原则上以修复为主。泄漏量超过20%，变形严重、无法调节并排除可修复性的可考虑更换。

设备部位	检查项目	检查内容及标准
人孔门、观察孔和防爆门	1. 检查漏风及开关情况	1. 检查无明显漏风，无卡涩现象。
密封面	1. 螺栓	1. 螺栓规格符合图纸要求，材质复验合格、超声、磁粉检测按 HB/T 47013 一级合格。
	2. 垫片	2. 垫片材质复验合格，八角垫硬度比法兰密封面硬度低 30～40HB，尺寸合格。
	3. 检验情况	3. 密封法兰着色检查合格无裂纹。
	4. 密封面清洁度检查	4. 法兰密封面光洁无机械损伤、径向刻痕、严重锈蚀等缺陷，法兰孔及法兰清锈并吹扫干净。
	5. 密封面与垫片接触试验检查	5. 密封面与垫片红丹涂抹转动 90°后，接触线连续不断。
	6. 安装要求	6. 螺栓涂抹高温抗咬合剂，并按照机动部《压力边界螺栓法兰连接安装指南》要求进行紧固安装。
引风机、鼓风机		按检修规程进行。

2.5.4 处理措施及更换周期

2.5.4.1 炉管

加热炉炉管检测后出现下列情况应考虑更换：

（1）鼓包、严重裂纹或网状裂纹。

（2）卧置炉管相邻两支架间的弯曲度大于炉管外径的 2 倍（经金相检查及测厚，不影响安全生产，认为可以继续使用的，可延期更换）。

（3）炉管由于严重腐蚀、爆皮，管壁厚度小于计算允许值，计算标准参照 SH 3037；关于炉管减薄，通过对炉管定期测厚可以确定炉管厚度是缓慢均匀减薄，还是突然加速减薄。对于缓慢均匀减薄，可估算出年减薄率，扣除这个减薄量即可对管子进行强度估算和决定判废与否。对于突然加速减薄，在找不到发生的原因和采取有效预防性措施时，往往予以判废并更换。

（4）外径增大5%。

（5）胀口在使用中账接次数超过2次，胀大值总和超过0.8mm。

（6）胀口腐蚀、脱落，胀口露头低于3mm。

（7）金相组织有晶界氧化、严重球化、脱碳及晶界裂纹等缺陷。

2.5.4.2 炉衬里

对于炉体外壁温度经红外监测分析，在环境温度、无风条件下超过82℃（炉底90℃）的应安排炉衬更换。停炉后宏观检查各部位炉衬情况，若有开裂、脱落、粉化等情况进行修补或更换，对于不定形炉衬结构使用寿命在两个周期（一个周期按3年或4年计算）以上的，若计划不安排更换，则在停炉时应安排开挖，检查衬里、锚固钉、壁板等情况。耐火砖、衬里损坏部分按SH 3534《石油化工筑炉工程施工及验收标准》进行更换或修补。

2.5.4.3 燃烧器

燃烧器根据堵塞情况拆装吹扫清理或更换，燃料油、雾化蒸汽阀门内漏或开关不灵更换；火盆砖检查有损坏修复。

2.5.4.4 烟风及余热回收系统

烟风道挡板及其执行机构若出现有卡涩、抱轴、阀板松动或变形严重、定位不准的进行检修、更换；挡板轴两端轴套中心轴线的同轴度误差应不大于ϕ0.5mm；挡板轴之间的平行度误差应不大于0.8mm，各挡板轴的位置就在同一高度上，其相互之间的高度误差应不大于0.8mm；挡板应作整体调试，开关应灵活，开关位置应与指示器、DCS显示相一致。

鼓（引）风机叶片、轴及轴承、机壳、膨胀节、基础等各部件有问题进行检修，确保各烟风道挡板运转灵活、无振动，同时清除鼓（引）风机进出口和烟囱的垢物。

余热回收系统管束腐蚀、损坏及积灰积垢情况，表面灰垢清扫或化学清洗，发现腐蚀穿孔的进行堵管或更换；风道和烟道管线连接面漏风点换垫等。

人孔门、防爆门、快开风门及炉管进、出口以及烟风道等处的密封有问题予以换垫、紧固等处理。看火门和防爆门安装位置的偏差应小于8mm，且各自与门盖均应接触严密、转动灵活。

3 手册引用文件

[1] 石油化工设备维护检修规程 第一册 通用设备，中国石化出版社，2004

[2] SHS 01006—2004 管式加热炉维护检修规程

[3] 石油化工厂设备检修手册 加热炉，中国石化出版社，2007

[4] SHS 01009—2004 管壳式换热器维护检修规程

[5] 石油化工厂设备检修手册 换热器，中国石化出版社，2005

[6] SHS 01007—2004 塔类设备维护检修规程

[7] 石油化工厂设备检修手册 容器，中国石化出版社，2011

[8] 石油化工厂设备检修手册 泵（第二版），中国石化出版社，2007

[9] SHT 3096—2012 高硫原油加工装置设备和管道设计选材导则

[10] SHT 3129—2012 高酸原油加工装置设备和管道设计选材导则

[11] TSG D0001—2009 压力管道安全技术监察规程——工业管道

[12] TSG D7005—2018 压力管道定期检验规则——工业管道

[13] TSG 21 固定式压力容器安全技术监察规程

[14] GB/T 150 压力容器

[15] GB 50236—2011 现场设备、工业管道焊接工程施工及验收规范

[16] GB 50484—2008 石油化工建设工程施工安全技术规范